纳米纤维的制备与应用

周玉嫚 著

中国纺织出版社有限公司

内 容 提 要

本书共 7 章，分别对改性纳米碳纤维材料、功能性纳米纤维膜和静电纺纳米纤维 3 种纳米纤维材料的制备方法和应用进行了介绍。其中，改性纳米碳纤维材料的应用包括脱除有机砷、甲苯；功能性纳米纤维膜的应用包括光催化和生物催化；静电纺纳米纤维的应用包括皮肤组织、神经组织再生等。

本书内容丰富、专业性强，适合材料工程、环境工程和生物医疗相关的科研人员、技术人员阅读、参考。

图书在版编目（CIP）数据

纳米纤维的制备与应用／周玉嫚著 . ﹣﹣北京：中国纺织出版社有限公司，2024. 8. ﹣﹣ISBN 978﹣7﹣5229﹣1943﹣0

Ⅰ．TB383

中国国家版本馆 CIP 数据核字第 2024Y44Q85 号

责任编辑：陈怡晓　　责任校对：高　涵　　责任印制：王艳丽

中国纺织出版社有限公司出版发行
地址：北京市朝阳区百子湾东里 A407 号楼　邮政编码：100124
销售电话：010—67004422　传真：010—87155801
http://www.c-textilep.com
中国纺织出版社天猫旗舰店
官方微博 http://weibo.com/2119887771
天津千鹤文化传播有限公司印刷　各地新华书店经销
2024 年 8 月第 1 版第 1 次印刷
开本：710×1000　1/16　印张：10.75
字数：210 千字　定价：88.00 元

前言

随着全球工业化进程的不断推进，工业生产过程中产生的环境污染物越来越多，给全球生态平衡带来了巨大的破坏，危及人类的生存。如何对环境污染物进行综合防治，已成为当今社会最突出的问题之一。纳米纤维材料由于具有高比表面积、高孔隙率、高可塑性和延展性等特点，受到越来越多研究人员的关注，并被广泛应用于环境净化。

本书选择了 3 种纳米纤维材料，对其制备方法和应用进行了研究，分别是改性纳米碳纤维材料、功能性纳米纤维膜和静电纺纳米纤维。纳米碳纤维是直径为 50~200 nm，长径比为 100~500 的新型碳材料，它可以弥补常规碳纤维和单壁碳纳米管及多壁碳纳米管尺寸上的不足，具有较高的强度、模量、长径比、热稳定性、化学活性、导电性等特点；另外，其在成本和产量上与碳纳米管相比也具有绝对优势。因此，其在环境污染消除、催化剂制备等方面都表现出良好的应用潜力。基于此，本书对改性纳米碳纤维材料的制备方法和脱除有机砷、甲苯的应用进行了研究。纳米纤维膜是由纳米纤维随机交叠而成的、具有多孔结构的纤维材料，具有高孔隙率与高比表面积，因此，在污染吸附和光催化、生物催化方面具有极为优良的性能。本书对 8 种纳米纤维膜的制备以及在光催化和生化催化方面的应用性能进行了研究。

由于笔者水平有限，书中不足或疏漏之处在所难免，敬请广大读者批评、指正。

著　者

2024 年 1 月

目录

第1章

改性纳米碳纤维材料的制备

1.1 改性纳米碳纤维材料的制备方法

1.1.1 气相生长法

气相生长法是以金属颗粒为催化剂，使含碳的化合物如苯、甲醇等在 700~1200℃ 的 H_2 环境中分解，碳沉积生长而获得碳纤维，包括种子催化气相生长和流动催化气相生长。种子催化气相生长过程中，催化剂沉积在反应器中的基体上，催化剂颗粒较大，纤维直径较大，难以实现工业化连续生产；流动催化气相生长法是将含金属的有机物，溶在碳氢化合物中，再安装在垂直电炉内的反应器中分解，形成金属颗粒催化剂，促进碳氢化合物分解及碳纤维的生长。该方法制得的纤维直径较小，分布较宽，可以实现连续化生产，生产效率较高，在工程领域有潜在的应用，并已有相应的商业化产品出现。气相生长所得纳米碳纤维为无定向排列的杂乱的短纤维制品，只能用于复合材料等领域。

1.1.2 等离子体增强化学气相沉淀法

等离子体增强化学气相沉积法是借助微波或射频等使含有薄膜组成原子的气体，在局部形成等离子体，而等离子体化学活性很强，很容易发生反应，在基片上沉积出所期望的薄膜。此工艺合成温度较低，所得到纳米碳纤维可以定向排列，但其成本较高，生产效率较低，工艺过程较难控制。

等离子体是物质存在的第四种状态。处于等离子体状态下的物质微粒通过相互作用可以很快获得高温、高焓、高活性。这些微粒具有很高的化学活性和反应性，在一定条件下可获得比较完全的反应产物。因此，利用等离子体空间作为加热、蒸发和反应空间，可以制备出各类物质的纳米级微粒。

等离子体增强化学气相沉积法合成纳米微粒的主要过程为：先将反应室抽成真空，充入一定量纯净的惰性气体；然后接通等离子体电源，同时导入各路反应气与保护气体，在极短的时间内反应体系被等离子体高温焰流加热并达到引发相应化学反应的温度，促进气体间的化学反应，从而在较低温度下沉积晶须。

等离子体增强化学气相沉积法制备纳米碳纤维最大的特点在于等离子体的电离度和离解度较高，可以得到多种活性组分，有利于各类化学反应的进行；等离子体反应空间大，可以使相应的物质完全反应。该方法所需温度较低，制得的纳米碳纤维可以定向排列，具有相当好的电子场发射性能，在场发射领域有潜在的应用价值。但是利用此方法合成的纳米碳纤维成本较高，生产效率相对较低，工艺过程较难控制。有研究人员以硅片为基体，Ni 为催化剂，乙炔、10% NH_3 和 90% He 混合气体为气源，于真空容器中通过直流等离子体在电流为 50mA、电压为 500V 的条件下放电，进行化学气相沉积，制得定向排列的碳纳米纤维（CNF）。

1.1.3 静电纺丝法

静电纺丝（electrospinning）是将聚合物熔体或溶液在高压静电场作用下拉伸形成纤维的过程。在静电纺丝过程中，首先将纺丝前驱体加入注射器中，此时，前驱体受自身表面张力和黏弹性力作用，以半球形液滴形式黏附于注射器喷丝口。在注射器喷丝口与纤维收集器之间连接高压电源形成高压电场。在高压电场作用下，前驱体液滴表面会产生电荷，并产生与液滴表面张力和黏弹性力作用方向相反的力。随着电场力的增加，喷丝口呈半球状的前驱体液滴在电场力的作用下被拉成圆锥状，即泰勒（Taylor）锥。当电场力超过某一临界值时，带电液滴将克服液滴的表面张力和黏弹性力形成射流从锥尖喷射出来。飞行过程中，射流因溶剂挥发而固化形成纤维，同时，射流受到电场力持续的拉伸作用，使纤维拉伸多达 100 多倍。飞行中后期，由于射流电荷密度逐渐增加，静电斥力增加，导致射流不稳定，发生弯曲或偏移，使纤维直径进一步降低，从而得到超细甚至纳米级纤维。最后，表面带电的超细/纳米级纤维随机落在接收器上，得到无规交织的纤维膜。

CNF 所用聚合物前驱体与碳纤维（CF）相似。聚丙烯腈（PAN）、沥青、黏胶是制备 CF 的三大主要原料，其中 PAN 是目前制备 CF 最主要的原料，PAN 基 CF 产量约占世界碳纤维总产量的 95%。因此，PAN 也是静电纺制备 CNF 的主要聚合物原料。PAN 分子具有链状结构，由于其大分子链上有强极性和体积较大的氰基（—CN），使其分子间形成强的偶极力。分子间强相互作用使得 PAN 仅溶于离子化程度高的溶剂中，如 N，N-二甲基甲酰胺（DMF）以及无机盐（$ZnCl_2$）浓溶液等。此外，PAN 分子链在低于熔点的温度下会优先发生热氧化反应，形成不熔的梯形结构，使其无法熔融静电纺丝。因此，静电纺 PAN 纳米纤维一般采用溶液纺丝制备。

静电纺丝技术出现在 20 世纪 30 年代，是近几年来重新引起人们兴趣的一种制备纳米碳纤维的方法，也是目前常见的制得连续纳米碳纤维的方法。电场纺丝使聚合物溶液或熔体在高压直流电源的作用下带有成千至上万伏的静电，带电的聚合物在电场的作用下首先在纺丝口形成泰勒锥，当电场力达到能克服纺丝液内部张力时，它将克服液滴的表面张力形成喷射细流，喷射细流在静电力的作用下加速运动并分裂形成细流簇，经溶剂挥发或冷却后凝结或固化为微丝，最终以非织造布的形式在收集器上得到直径为几十纳米到几微米的纤维毡。纤维毡经过空气中 280℃、30min 左右的预氧化及 N_2 氛围中 800~1000℃ 的碳化处理最终得到纳米碳纤维。

静电纺丝制备纳米碳纤维的主要原料为聚丙烯腈（PAN）。目前采用电场纺丝可纺制近百种聚合物纤维。王等研究了聚丙烯腈和二甲基甲酰胺溶液的电场纺丝行为，并研究了所得纳米碳纤维的导电性能及结构，结果表明纳米碳纤维的导电性随着热解温度的升高而增大，并且热解温度越高，纳米碳纤维的石墨化程度越高，表现为拉曼光谱图中的 G 峰（1580cm^{-1}）和 D 峰（1360cm^{-1}）的比例增大。Santiago-Aviles 等提出利用静电纺丝法制备纳米碳纤维，将 PAN 和 N，N-二甲基甲酰胺（DMF）溶液混合后纺出的前驱体 PAN 在真空炉中高温分解 30min，得到直径 120nm 左右高度无序的纳米碳纤维，并用 X 射线研究了其结构。电纺纤维最主要的特点是所得纤维的直径很细，可在室温下进行，工艺简单，原料来源广泛，成本低，可制得连续的 CNFs，有望实现纳米碳纤维的大批量生产，并且可以通过控制收集器的运动或形状，制得具有特定形状的 CNFs 预制坯，从而得到新一代的 CNFs 增强材料，是纳米复合材料的一个新的研究方向。但是当前的电纺技术还存在以下基本问题，仅停留在实验阶段：

（1）由于静电纺丝机设计的构型，此法得到的只能是非织造布，而不能得到纳米纤维彼此可分离的长丝或短纤维。

（2）目前静电纺丝机的产量很低，其产量典型值为 0.001~1g/h，无法大规模应用。

（3）多数条件下，静电纺丝中的拉伸速率较低，纺丝路程很短，在这一过程中高分子取向发展不完善，电纺纳米纤维的强度较低。因此要将静电纺丝产业化还有待努力。

静电纺丝法结合碳化工艺制备多孔纳米碳纤维因工艺简单、成本低廉而成为制备该种材料最有效的方法之一。Jung 等电纺聚丙烯腈溶液，碳化后得到纳米碳纤维，分别用氢氧化钾和氢氧化钠在高温惰性气氛下对纳米碳纤维进行活化得到多孔纳米碳纤维，并将其用作电容器电极材料。Kim 等将原硅酸四乙酯和聚丙烯腈混溶电纺，活化后得到含硅的多孔纳米碳纤维，然而将其用作电化学电容器电极材料时比电容仅有 92.0F/g。Park 等电纺聚丙烯腈和聚苯乙烯的混合溶液制备氮掺杂多孔纳米碳纤维，耐热性能较差的聚苯乙烯作为成孔剂，在高温下分解制得高比表面积纳米碳纤维，然而聚丙烯腈本身含氮量较低，碳化过程中氮的含量还会进一步降低，因而制备得到的氮掺杂纳米碳纤维的氮含量很低，无法有效地引入赝电容。

鉴于活化过程涉及复杂的化学反应且程序烦琐，因而不利于多孔碳纤维的制备。有研究者采用三聚氰胺作为交联改性剂和氮掺杂剂，通过共混静电纺丝法制备了三聚氰胺/聚丙烯腈纳米纤维前驱体，再经碳化工艺一步法制备得到了高氮掺杂纳米碳纤维。利用三聚氰胺的熔融热分解特性，采用合适的预氧化工艺，使纳米纤维前驱体在还未通过充分预氧化使形貌固定的情况下，借助三聚氰胺的熔融热分解导致纳米纤维塌陷和收缩，使纳米纤维有效地扁化和粘接，形成交联三维立体网络状结构，产生各种尺寸不一的介孔和大孔，同时，三聚氰胺发生热分解，其产生的气体在软化的有机纤维内部形成微孔，使最终纳米碳纤维内部同时具有大量微孔，两者共同导致纳米碳纤维具有合理的多级孔道结构和较大的比表面积。特别是由于特殊的交联三维立体网络状结构导致网络中纳米纤维搭接面积增加并成为一体，提供良好的连续导电网络结构，增强电子的传导能力，最终纳米碳纤维膜的电阻大大降低，从而提高了其电化学特性。研究发现三聚氰胺氮掺杂纳米碳纤维的质量比电容值高达 194F/g（电流密度为 0.05A/g），并且电化学稳定性优良，表现出优异的电化学电容特性。

1.1.4 其他方法

（1）电弧法。目前，电弧法也是制备纳米碳材料的主要方法之一，朱长纯等利用电弧法制备碳纳米管时还发现有不少纳米碳纤维生成。其长度约为 0.15μm，直径约为 9nm，没有呈现中空结构和层状结构，由于石墨化程度低，碳纤维形态上蜿蜒曲折，不像纳米管那样笔直地生长，还能看出其内部碳密度的不均匀分布，研究认为，纳米碳纤维的形成可能是由于局部生长区域温度低，无法达到石墨化温度所致。Lei 等以镍为催化剂，在常压条件下、乙炔和氮气气氛中，利用电弧法合成无定形纳米碳纤维（ACNF）和无定形碳纳米管（ACNT），并采用透射电镜（TEM）对产物进行表征，观察到 ACNF 和 ACNT 的直径为 60~100nm，而且 ACNF 可能转化成 ACNT，由此可知电弧法制备的纳米碳纤维难分离，使用价值不高。

（2）激光消融法/射频磁控法。激光消融法制备纳米碳纤维的过程为：先将混有一定比例催化剂的靶材粉末压制成块，放入一高温石英管真空炉中烘烤去气，经预处理后将靶材加热到 1200℃ 左右，用一束激光消融靶材形成气溶胶，同时吹入流量为 50mL/min 左右的保护气（He 或 Ar），保持 53252~93191Pa 气压，在出气口附近由水冷收集器收集制得纳米碳纤维。Vanderwal 等用脉冲激光消融旋转的金属靶形成金属气溶胶，通过 He 气将金属气溶胶导入燃烧室与 CO、H_2、He、C_2H_2 气体混合燃烧，反应完成后得到纳米碳纤维。此方法可以通过控制激光的波长、脉宽、强度和重复频率来控制所形成的纳米颗粒的大小，但是由于产量低和放大困难，使该法成本较高而无法广泛应用。

1.2　改性纳米碳纤维材料制备过程的常用设备

1.2.1　气相沉积合成器

化学气相沉积工艺装置主要由反应室、供气系统和加热系统组成。反应室是 CVD 中最基本的部分，常采用石英管制成，其壁可分为热态和冷态。

在室温下，进行化学气相沉积的原料不一定都是气体，如果源物质有液态原料，需加热形成蒸气或气态反应剂反应，形成气态物质导入沉积区，由载流气体携带入炉；如果源物质有固体原料，一般是通过一定的气体与之发生气-固或气-液反应，形成适当的气态组分，将产生的气态组分输送入反应室。在这些反应物载入沉积区之前，一般不希望它们之间相互反应，因此，在低温下会相互反应的物质在进入沉积区之前应隔开。

如果反应器壁和原料都不加热，称为冷壁反应器，一般地，这类反应器的反应物在室温下是气体或者具有较高蒸气压的物质；如果原料区和反应器壁是加热的，即所谓的热壁反应器，反应器的加热是为了防止反应物的冷凝。

1.2.2　静电纺丝设备

在静电纺丝过程中，带正电的溶液在电场作用下，在喷嘴处使液滴变形，形成称为泰勒锥的锥形结构。所施加的电场力会抵消聚合物溶液的表面张力，使得聚合物射流从泰勒锥的锥体顶点喷出。喷出的聚合物射流由于喷射长度上存在的排斥电荷引起的弯曲不稳定性而发生摆动。最后，当溶剂从射流表面蒸发时，射流拉伸停止，从而纤维变细达到纳米级别。要想成功制备纳米纤维，需要形成稳定的泰勒锥，才能形成连续均匀分布良好的纤维。基本的静电纺丝装置主要由 3 部分组成：高压静电发生器、喷头或金属针头以及接收装置，如图 1-1 所示。

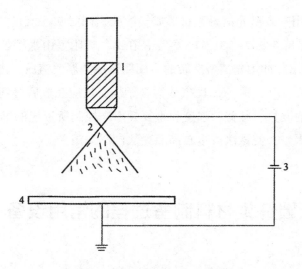

图 1-1 静电纺丝装置示意图

1—聚合物溶液 2—金属针头 3—高压电源 4—纤维接收辊

传统的静电纺丝装置为单针头装置。20 世纪 30 年代初，Formhals 用无喷头的喷丝装置以及旋转的接收装置成功纺出了聚合物纤维。20 世纪 30 年代后期，Petryanov-Sokolov 等设计出一种可以用来量产的静电纺丝装置。到 20 世纪 50 年代，静电纺纳米纤维就已经可以工业化生产。发展至今，静电纺丝技术已经经历了单喷头式、多喷头式和无喷头式 3 个阶段。除此之外，针对接收装置的改进等各种新技术、新设备也层出不穷。

1.2.2.1 单喷头静电纺丝装置

自静电纺丝技术发明以来，相当一段时间内大都采用单喷头纺丝装置。然而传统的静电纺丝装置效率低下，生产过程不稳定，难以实现产业规模化以及纳米纤维材料的广泛应用。为了提高纺丝效率，开始设计在单喷头处形成多个 Taylor 锥，或在 1 个 Taylor 锥处形成多个射流。Y. Yamashit 等为了实现多射流，最先将针头内壁设计成多沟槽的形式，将一种非晶聚合物溶液制成了纳米纤维。但是，由于针头内径比较大，电场力无法做到充分地拉伸聚合物液滴，导致得到的纤维直径比较粗，并且纤维质量也有不少缺陷。虽然这在一定程度上增加了纺丝射流，提高了静电纺丝的效率，但是在纺丝过程中喷出的射流难以控制，稳定性差，所以这种方法未得到广泛的应用。哈佛大学的 S. Paruchuri 在静电纺丝过程中引入辅助电极(或交变电场)，射流在经过电场的过程中受到切向应力的作用从而分裂成多个射流，这种方法在一定程度上提高了纺丝效率，也细化了纤维直径。典型的单喷头多射流静电纺丝装置，如图 1-2 所示。

由于静电纺丝过程中的作用机理复杂，以上的设计都直接或者间接地改变了电场的分布情况，进一步使得静电纺丝过程中射流的形成机理变得更加复杂，造成了纤维在形态上和直径上的不可控。虽然单喷头多射流的设计装置能够同时产生多个射流，提高静电纺丝的产量，但在实际应用中，单喷头多射流的设计理念还有待进一步改善和研究。

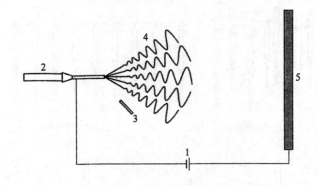

图 1-2　单喷头多射流静电纺丝示意图

1—高压电源　2—针状喷头　3—辅助电极　4—喷出物　5—接收板

1.2.2.2　多喷头静电纺丝装置

为了提高纺丝效率，克服单喷头的缺陷，许多学者开始研究多喷头射流装置。多喷头多射流装置是将一定数量的喷头通过不同排布方式（或平面或立体）排列，从而实现喷射装置多喷头同时喷丝，这样可以显著提升纺丝效率。S. A. Theron 等将 9 个针头排列成 3×3 和 9×1 两种阵列，如图 1-3（a）和图 1-3（b）所示，并进行纺丝实验。研究发现，多喷头射流间由于相邻针头间的静电影响会产生相互排斥的现象，容易造成喷头的堵塞，影响纺丝质量，难以实现其产业规模化生产。Yang Ying 等设计了正六边形阵列排布的 7 喷头纺丝装置，1 个喷头在六边形的中心，其余的 6 个喷头分别在 6 个角，如图 1-3（c）所示。研究表明，当喷头间距为 10mm 时，外围 6 个喷头的射流在电场力作用下开始向六边形外围喷射。W. Tomaszewksi 等利用椭圆形和圆形分布的多喷头与线性排布对比，如图 1-3（d）所示，发现圆形分布可有效改善工艺稳定性，并可在一定程度上提高纺丝效率。

Zhou Fenglei 研究发现，当喷头的间距比较小时，喷头与喷头之间彼此受到的电场干扰较大，喷出的射流之间会相互影响，甚至很难形成射流；即便形成了射流，溶剂的挥发也会受到影响，纤维直径变得不稳定。为了解决静电纺丝过程中由于电场复杂，得到的纤维不易收集的问题，谢胜等发明了多喷头平板型的静电纺丝装置。该装置的电场分布由喷头针尖到辅助板的距离决定，该距离越小，电场分布则越均匀，纺丝效果越好。刘娜等对 4 喷头的静电纺丝配置进行数值模拟，通过电势和场强的分布规律得出，连续增加喷头数量后，内部喷头的电势和场强相同，从而为多喷头多射流的规模化提供了理论依据。Liu Shuliang 等提出了一种具有两个喷头和一个环形接收板的离心静电纺丝装置，实验结果表明纤维直径在微米和亚微米尺度上广泛分布，增加离心力可以进一步拉伸纤维并减少鞭打动作，从而更好地控制纤维对齐。

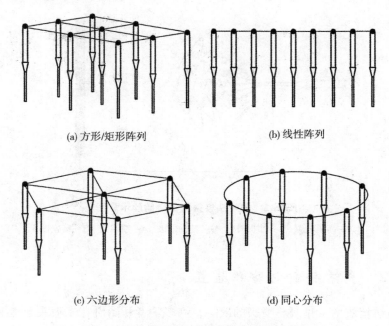

(a) 方形/矩形阵列　　　　　　　　　　　(b) 线性阵列

(c) 六边形分布　　　　　　　　　　　　(d) 同心分布

图 1-3　多喷头静电纺丝的针头布置示意图

多喷头纺丝装置能提高纺丝效率，但存在着各喷头电场间相互干扰的问题，目前仍然没有行之有效的方法去解决，要消除这种干扰势必会占据非常大的空间，这将很不利于其在规模化生产中的应用。同时，多喷头在纺丝过程中的喷头清洁难以进行以及防堵工作难以解决，也是造成其难以进一步发展的原因。因此，人们开始从多喷头静电纺丝转而向无喷头静电纺丝进行技术转移。

1.2.2.3　无喷头静电纺丝装置

为了克服单喷头和多喷头纺丝装置的缺陷，许多学者开始研究无喷头静电纺丝技术，其中最具代表性技术就是蜘蛛纳米纤维静电纺丝，该装置结构如图 1-4 所示。

该技术利用了滚筒在转动过程中的离心力进行供液，从而代替了传统静电纺装置中的针头。该技术是静电纺丝领域的里程碑，标志着无喷头静电纺技术跨出了重要的一大步。但是该技术不够完善，对纺丝液的要求极为严格，所需的电场强度非常大，还需有辅助装置来完成纺丝过程。该装置结构较为复杂，而且圆筒上的薄膜极易越来越厚，不利于Taylor 锥的形成。A. L. Yarin 将磁场引入静电纺丝，提出了磁场喷射装置，使用该装置得到的纤维直径为 $200\sim800nm$。He Jihuan 等第一次提出气泡静电纺丝，该方法在纺丝溶液中注入压缩气体，溶液表面就会产生气泡，气泡个数越多，纺丝效率则越高，增加湿度后气泡的表面张力会减小，不仅节约能耗还可以得到品质更好的纤维。

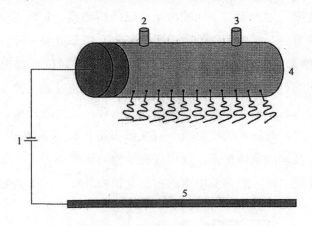

图 1-4 无喷头静电纺丝装置

1—高压电源 2，3—溶液入口 4—储液罐 5—接收板

A. K. Higham 等提出一种利用穿过高气量泡沫试样的新方法，将多孔表面的压缩气体注入聚合物溶液中从而形成带电的多射流。Wang Xin 等研制出溅射式静电纺丝装置，其金属滚筒采用上方溅射方式取液，使溶液在金属滚筒容易形成 Taylor 锥，更有利于纺丝，而且纺丝溶液在滴落到金属滚筒上之前不带有电荷，因而有利于对纺丝液的控制。2010 年，Lu Bingan 等利用锥形金属作喷头从而实现了高效率静电纺丝，相比传统针式纺丝装置，该设备的纺丝产量大幅提升。Tang Shan 等提出喷洒式无针静电纺丝方法，利用分配器将溶液洒在圆柱喷头表面，液滴便会随喷丝头旋转进入纺丝区后形成大量喷射流；由于喷射流直接由液滴激发形成，所需临界电压较小；该方法较为灵活，通过增加喷头尺寸可在一定程度上提高纤维产量。

Niu Haitao 等采用螺旋线圈作为无针喷头获得较高纺丝产量，研究发现，线圈周围的电场分布较为集中，所得纤维的形貌更加均匀，该方法对于静电纺丝工业化研究具有重要的指导意义。Wang Xin 等利用锥形线圈作为无针喷头实现高效静电纺丝，虽然锥形线圈能够形成均匀电场，纺丝过程比较稳定，得到的纤维品质较好，但是由于喷射流是间歇产生的，该装置无法实现连续纺丝。

1.2.2.4 同轴静电纺丝装置

同轴喷头静电纺丝装置实际上是对传统单喷头静电纺丝装置的改进。同轴静电纺丝装置如图 1-5 所示，单个喷头由两个同轴的金属细管代替，其中芯质和表层材料的液体分装于两个轴道分别连接两个储液器，同轴结构的喷头可以为内液、外液提供不同的通道。

2003 年，Z. Sun 等首先使用这种方法制备出具有核壳结构的纳米纤维，并将该技术命名为"同轴静电纺丝"。随后又有研究人员改进了同轴静电纺丝装置，用微量注射泵代替原先气压控制的纺丝速度，大大提高了同轴纺丝速度的精确度。T. D. Brown 等使用一种基于熔体同轴静电纺丝的方法，制备了以长链烷烃为核层，二氧化钛–聚乙烯吡咯烷酮（TiO_2–PVP）为壳层的相变纳米纤维，他们使用非极性固体，如石蜡进行静电纺丝，将同轴喷丝板和熔体静电纺丝相结合，在一步之内完成有机相变材料的封装及静电纺丝。孙良奎等发现同轴针头中内外喷头的距离会影响同轴纺丝，当内针头超出外针头的距离是外针头半径的 1/2 时，较容易获得相对稳定的喷射流。有文献报道，利用 Navier-Stokes 方程，通过对电纺过程中流体力学过程的数值模拟，发现核壳结构的形成与否并不受内外针头是否严格同轴而影响，但内外层溶液在射流截面中的占比会受内外喷头长度影响。

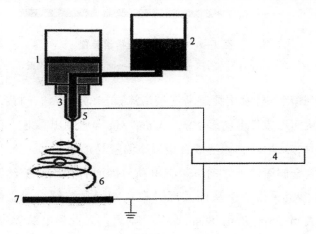

图 1–5　同轴静电纺丝装置

1—壳液　2—核液　3—同轴细管　4—高压电源　5—同轴喷头
6—同轴射流　7—接地收集板

1.2.2.5　静电纺丝接收装置的发展进程

为获得有序排列纤维，目前主要有两种方法：一是从喷头处入手。采用附加电场来控制纺丝射流，从而控制接收板上纤维分布；二是改进接收装置。S. Y. Chew 等利用圆柱状转鼓代替原有平板型接收装置，如图 1–6(a) 所示，得到了相对有序的纤维，但纤维的有序程度并不高。使用盘式收集装置代替鼓式收集装置，大量的纤维会残存在盘式装置的边缘上并且会聚集成相对高取向排列的纤维。因此，E. Zussman 等设计了旋转圆盘接收装置，该装置如图 1–6(b) 所示。

由图 1–6(b) 还可看出，旋转圆盘接收装置由绕中心横轴旋转的圆盘和铝块组成，铝块可以间隔时间绕竖轴旋转相应角度，调整原先收集方向，与之前的纤维组成纤维网，此工艺方法较鼓式收集方法相比提高了纤维排列的规整程度。E. Smit 等采用水相沉积法制备连续的纳米单纤维。此方法成形原理为：从喷头射出的射流在电场的作用下形成纤维，然后落到水面并沉积水中，再经过卷绕、拉伸到辊筒上，辊筒转速控制适当就可以获取单纤维，由于受溶液作用使纤维更容易抱合。

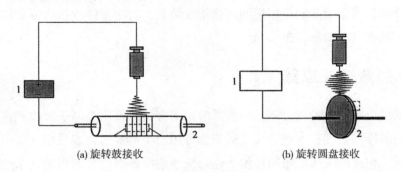

(a) 旋转鼓接收　　　　　　　　　(b) 旋转圆盘接收

图 1-6　定向接收装置

1—电源　2—旋转鼓或旋转圆盘

M. V. Kakade 等用 2 个间隔 1.2cm 的导电平行板，放置在平板接收电极上作为接收装置，发现所得纤维不仅取向排列很高，而且聚合物内部的分子链同样具有很高的取向度。Li Dan 等直接以 2 块具有一定间隔距离的平行接地极板作为接收装置，也得到了排列取向度很好的纤维，如图 1-7 所示。但随着纤维层厚度增大，纤维的规整程度也下降，因此不能制备较厚的有序排列纤维，并且纤维长度也受到限制。

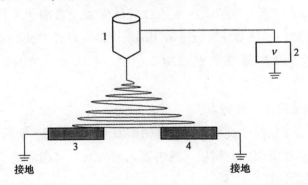

接地　　　　　　　　　　　　　　接地

图 1-7　平行极板收集装置

1—聚合物溶液釜　2—高压电源　3，4—平行极板

Wu Yiquan 等发明了新的接收方法，即在接收平板或滚筒后面安置几个间隔的电极，但此电极不接地，而是单根或若干根并联连接在不同的静电发生器上获得不同的静电压，所得纤维不仅排列整齐，还可以在宏观上控制纤维膜的边界。J. Rafique 等采用旁侧喷射技术，通过改变尖端接收装置的外形和应用，成功制备了排列程度很高的聚己内酯和聚丙烯腈纳米纤维聚合体。

M. Khamforoush 等对滚筒接收装置做了进一步改进，他们设计了一种同轴双滚筒的接收装置，通过外滚筒的电场大大增强了内滚筒的电场，提高了内滚筒区域接收纤维的取向度。Huang Zhengming 等用圆盘或载玻片作为接收装置，再对其施加辅助电场制取了取向稳定的圆形纤维。张淑敏等利用矩形凹槽作接收装置，将矩形凹槽接收框放置于金属接收屏上，制取了具有高取向的纤维。

1.2.3 水热合成反应釜

水热合成反应釜是一种能分解难溶物质的密闭容器，可用于原子吸收光谱及等离子发射等分析中的溶样预处理；水热合成反应釜也可用于小剂量的合成反应；还可在罐体内采用强酸或强碱，在高温高压密闭的环境下达到快速消解难溶物质的目的。水热合成反应釜在气相、液相、等离子光谱质谱、原子吸收和原子荧光等化学分析方法中做样品前处理，是测定微量元素及痕量元素时消解样品的得力助手。可在铅、铜、镉、锌、钙、锰、铁、汞等重金属测定中应用，水热合成反应釜还可作为一种耐高温耐高压防腐高纯的反应容器，也可用于有机合成、水热合成、晶体生长或样品消解萃取等方面。水热合成反应釜在样品前处理时消解重金属、农残、食品、淤泥、稀土、水产品、有机物等。因此，在石油化工、生物医学、材料科学、地质化学、环境科学、食品科学、商品检验等部门的研究和生产中被广泛使用。

不锈钢水热合成反应釜主要特点：水热合成反应釜压力溶弹外体材料为 $Cr_1Ni_{18}Ti_9$，内衬材料为聚四氟乙烯。水热合成反应釜采用圆形榫槽密封，手动螺旋坚固水热合成反应釜。水热合成反应釜最高温度可达 220℃（压力不大于 3.0MPa），最高适用压力为 3.0MPa。

不锈钢水热合成反应釜产品特点为：

（1）水热合成反应釜抗腐蚀性好，无有害物质溢出，污染少，使用安全。

（2）水热合成反应釜升温、升压后，能快速无损失地溶解在常规条件下难以溶解的试样及含有挥发性元素的试样。

（3）水热合成反应釜外形美观，结构合理，操作简单，分析时间短，数据可靠。

（4）水热合成反应釜内有聚四氟乙烯衬套，双层护理，可耐酸、碱等。

（5）水热合成反应釜可代替铂坩埚，解决高纯氧化铝中微量元素分析的溶样处理问题。

第 2 章

改性纳米碳纤维材料脱除
有机砷的应用

2.1　实验方法

甲基砷的脱除方法主要有吸附法和光催化氧化法。大量研究表明：随着甲基取代的增强，有机砷性质变得更为稳定，更难被有效去除。其吸附行为表现为愈发困难，氧化效率过低，反应时间冗长。常规技术手段在甲基砷的去除中效果不甚理想，然而，将电化学催化方法应用到含砷污染物去除中的应用尚未见报道。

为了探索电化学手段在处理水中甲基砷中的应用，本研究在制备负载碳化铁的碳纤维复合催化剂的基础上，进一步研究了其在电芬顿催化降解甲基砷中的应用，旨在为水中砷污染物的高效去除提供新的技术手段。一方面通过材料高的比表面积、高孔隙率增加 H_2O_2 与含铁物种异相界面反应位点；另一方面利用 Fe_3C/C 纤维碳层基质高效电子传导能力协同促进电催化过程中电荷向反应位点的传递，从而实现快速高效的异相芬顿氧化反应，最终通过物理或化学作用将目标物氧化产物吸附去除。

常见电芬顿反应体系中，初始 pH 值、目标物浓度、电流强度、催化剂投加量等因素变化均会对催化降解过程造成一定影响。因此本研究在考察不同制备阶段催化剂的电催化及吸附性能的基础上，对不同实验条件对异相电芬顿催化降解 DMA 的影响规律进行了研究。通过对 ·OH 的屏蔽进一步对电催化 DMA 的主要机制和催化路径进行了深入探索，为基于异相电芬顿催化降解甲基砷提供了有益指导。

2.1.1　实验材料与设备

表 2-1 为纳米 Fe_3C/碳纤维电催化降解二甲基砷实验材料。表 2-2 为纳米 Fe_3C/C 纤维电催化降解二甲基砷的实验设备和仪器。

表 2-1　实验材料与化学试剂

原料试剂	规格	生产商/供应商
聚丙烯腈（PAN）	分子量为 $15×10^4$	西格玛化学试剂公司
N，N-二甲基甲酰胺（DMF）	AR	国药化学试剂公司
乙酰丙酮铁（$C_{15}H_{21}FeO_6$）	AR	国药化学试剂公司
无水硫酸钠（Na_2SO_4）	AR	国药化学试剂公司
硫酸（H_2SO_4）	AR	国药化学试剂公司
氢氧化钠（NaOH）	AR	国药化学试剂公司
二甲基砷酸钠 $C_2H_6AsNaO_2 \cdot 3H_2O$	AR	北京百灵威科技有限公司
一甲基砷酸钠 $CH_4AsNaO_3 \cdot 1.5H_2O$	AR	西格玛化学试剂公司
砷酸钠（$Na_2HAsO_4 \cdot 7H_2O$）	AR	西格玛化学试剂公司
活性碳纤维（ACF）	—	山东雪圣科技有限公司
浓硝酸（HNO_3）	AR	国药化学试剂公司
无水乙醇（CH_3CH_2OH）	AR	国药化学试剂公司

表 2-2　实验设备和仪器

仪器名称	型　号	生产厂商
静电纺丝设备	DW-P503-2ACCD	天津东文高压电源厂
恒温加热磁力搅拌器	MS-H-Pro	郑州长城科工贸有限公司
电子天平	SQP	赛多利斯科学仪器有限公司
电热鼓风干燥箱	DHG-9013A	上海三发科学仪器有限公司
真空干燥箱	RGL（G）-03/30/1	北京西尼特电子有限公司
直流双路跟踪稳压稳流电源	DZF-6020	上海三发科学仪器有限公司
RuO_2/Ti 网状电极	DH1718E-4 型	北京大华电子集团

2.1.2　电催化实验测试与样品分析

在 Fe_3C/C 电催化降解 DMA 的实验中，取 120mL 浓度 5mg/L 的 DMA 储备液置于容积为 120mL 特制石英反应器中。阳极采用尺寸为 4cm×5cm RuO_2/Ti 网状电极，阴极为同尺寸活性碳纤维电极。电解质为 0.05 mol/L 的 Na_2SO_4，用 0.2mol/L H_2SO_4 或 0.2mol/L NaOH 调节溶液 pH 值，O_2 流量控制在 40~60mL/min；通电并投加一定量 Fe_3C/C 催化剂开始实验，分别在 0、30min、60min、90min、120min、180min、240min、360min 取样，稀释后

用 0.22μm 膜过滤。电源为 DH1718E-4 型直流双路跟踪稳压稳流电源(北京大华电子集团)。

采用高效液相色谱电感耦合等离子体质谱联用技术(HPLC-ICP-MS)测定 DMA、MMA 和 As(Ⅴ)浓度,检测条件为:Hamilton PRP-X100 色谱柱(250mm×4.1mm,10μm),柱温 30℃,进样量 20μL,流动相为 10mmol/L $(NH_4)_2HPO_4$ 缓冲溶液(用冰醋酸调节 pH=6),流速为等速,1.0mL/min,RF 入射功率 1380W,载气为高纯氩气,载气流速 1.12L/min,泵速 0.3r/s,检测质量数 m/z 为 75(As)。

2.1.3　活性物质羟基自由基的测定

采用电子自旋共振波谱仪(ESR)检测·OH 的生成,使用的自由基加入试剂为 DMPO。检测条件为:中心场强 3511.940C、扫描宽度为 100.000G、微波频率为 9.857GHz、功率 2.301mW。

采用二甲亚砜捕集·OH 的分光光度法对反应中产生的自由基进行定量测定,具体方法如下:取样 2mL 于 10mL 离心管中,加入 0.3mL 0.1mol/L HCl 和 0.2mL 15mmol/L Fast Blue BB Salt 静置避光 10min;然后加入 1.5mL 体积比为 3∶1 的甲苯—正丁醇混合溶液,振荡 120s,在 500r/min 条件下离心 3min;离心后取上清液 1mL 置于新的离心管中,并加入 2mL 饱和正丁醇水溶液,振荡 30s 后,离心 3min;去离心后样品的上清液 0.9mL 于石英比色皿中,加入 1.5mL 体积比为 3∶1 的甲苯—正丁醇混合溶液和 0.1mL 吡啶,于 425nm 处测定吸光度。用 2.4mL 甲苯—正丁醇混合溶液加 0.1mL 吡啶做参比。

所用仪器为 GL-88A 型旋涡混合器、西格玛 3-16PK 型冷冻离心机(西格玛,德国)、日立 3010 型紫外—可见分光光度仪(日立,日本)。·OH 浓度与吸光度之间关系的标准曲线如图 2-1 所示。采用二甲亚砜捕集·OH 的分光光度法对自由基进行定量测定,根据式(2-1)可以得出吸光度与浓度的对应关系:

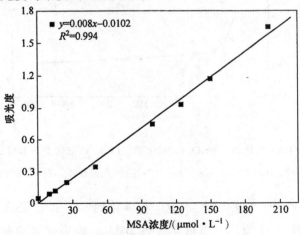

图 2-1　分光光度法测得·OH 标准曲线

$$C = (A + 0.0102)/0.008 \qquad (2-1)$$

式中：C——浓度，$\mu mol/L$；

    A——吸光度。

由上式可得出水中·OH 的浓度。

2.2 Fe₃C/C 催化剂电催化过程的影响因素

2.2.1 不同类型含铁催化剂吸附及电催化性能的评价

本组实验考察了 Fe/PAN 催化剂、预氧化后 Fe₂O₃/C 催化剂和炭化后 Fe₃C/C 催化剂对 DMA 的吸附效果。由图 2-2 可知，经 360min 的吸附作用，Fe/PAN 催化剂、Fe₂O₃/C 催化剂、Fe₃C/C 催化剂分别可吸附 DMA 20%、5%、5%。Fe/PAN 催化剂吸附效果明显优于其他样品，炭化后比表面积的提升与吸附点位的增加并没有带来吸附能力的增强。对于 Fe/PAN 催化剂有更强吸附特性，可能是由于前驱体 Fe/PAN 催化剂丰富的表面羟基为吸附提供了络合点位，从而与 DMA 发生配位作用。

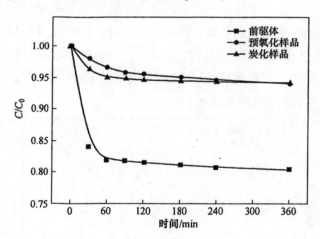

图 2-2 Fe/PAN 催化剂、Fe₂O₃/C 催化剂、Fe₃C/C 催化剂对 DMA 吸附效果

（初始 pH=3，DMA 初始浓度 C_0=5mg/L 条件下的吸附效果，反应时间为 360min）

本组实验考察了 Fe/PAN 催化剂、Fe₂O₃/C 催化剂、Fe₃C/C 催化剂对溶液中 DMA 的电催化处理效果。由图 2-3 看出，电催化降解 DMA 的能力强弱顺序为 Fe₃C/C 催化剂>Fe/PAN 催化剂>Fe₂O₃/C 催化剂。Fe₃C/C 催化剂经过 360min 即实现了甲基砷的完全去除，显著优越于其他结构的催化剂。这主要是因为，一方面 Fe_3C/C 催化剂在炭化过程中形成的乱层石墨结构其优良的导电性能，强化了与碳纤维间电子向 Fe_3C 纳米粒子反应位点的传递作用；另一方而，材料所具备的高比表面积，为吸附络合提供了反应位点，高孔隙率作为 H_2O_2 传质孔道，可以实现强氧化活性物种与目标物充分接触实现快速芬顿氧化，实现高效降解。

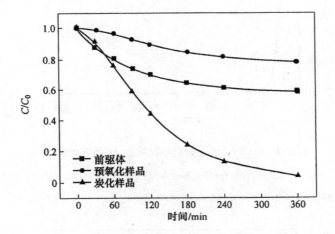

图 2-3　Fe/PAN 催化剂、Fe_2O_3/C 催化剂、Fe_3C/C 催化剂电催化效果

(溶液初始 pH=3，电流强度 I=0.15A，催化剂投量 500mg/L，氧气流量 40~60mL/min，

DMA 初始浓度 C_0=5mg/L，反应时间 360min)

对于 Fe/PAN 催化剂的降解过程，主要是通过催化剂丰富的表面羟基直接形成对 DMA 的吸附络合去除；Fe_2O_3/C 催化剂对于 DMA 催化较为困难，这可能是由于 Fe_2O_3 填充在未经炭化、导电性差的有机碳基质中，导致界面反应无良好电荷传质媒介以强化电催化过程。Fe/PAN 催化剂、Fe_2O_3/C 催化剂、Fe_3C/C 催化剂对于 DMA 最终去除率依次为 40%、20%、96%，说明碳化过程强化了 Fe_3C/C 催化剂电催化性能。

2.2.2　Fe_3C/C 催化剂对不同形态砷的吸附效果

研究进一步考察了催化剂对催化降解产物的吸附效果。图 2-4 对比了 Fe_3C/C 催化剂对不同形态砷的吸附性能。由图可知，Fe_3C/C 催化剂可对 MMA、As(V)进行有效吸附，并在 10min 之内达到吸附完全，吸附速率呈现趋势为 As(V)=MMA≫DMA，这也与实验中获得了对催化降解产物的完全吸附去除所一致。图 2-5 对比了不掺加 Fe 元素 PAN 纺丝经炭化后的碳纳米纤维(NCNF)相同实验条件下对三种形态 As 的吸附行为。即使 NCNFs 高孔隙率结构拥有更大比表面积，更多吸附点位的 NCNFs 对于 DMA、MMA、As(V)仍无明显吸附效果，这说明在 Fe_3C/C 对 MMA、As(V)吸附过程起主导作用的不是碳基质，而是源于 As 羟基与催化剂的 Fe ═O 键络合或者 Fe$_3$C 与碳基质间的 Fe—C 键合实现吸附。

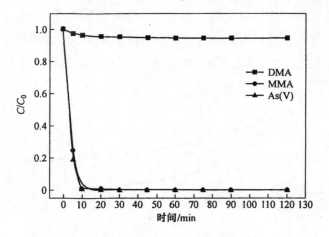

图 2-4　Fe$_3$C/C 催化剂对不同形态 As 的吸附作用

（Fe$_3$C/C 催化剂、NCNFs 催化剂投量均为 500mg/L，DMA、MMA、
As（V）初始浓度均为 $C_0 = 5$mg/L，初始 pH=3，反应时间为 120min）

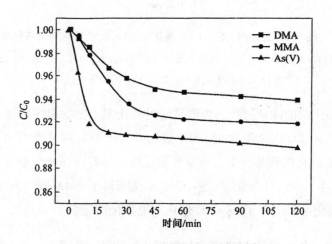

图 2-5　NCNF 对不同形态 As 的吸附作用

（Fe$_3$C/C 催化剂、NCNF 催化剂投量均为 500mg/L，DMA、MMA、
As（V）初始浓度均为 $C_0 = 5$mg/L，初始 pH=3，反应时间为 120min）

2.2.3　不同初始 pH 值环境下对二甲基砷降解效果的影响

本组实验考察了不同初始 pH 值对 Fe$_3$C/C 非均相电催化剂电催化降解 DMA 效果的影响。由图 2-6 看出，初始 pH 值分别为 2、3、4、7 的条件下，DMA 去除率分别为 35%、95%、20%、10%，可见初始 pH 值的变化对 Fe$_3$C/C 催化剂电催化降解 DMA 效果影响显

著，在 Fe_3C/C 非均相电芬顿降解 DMA 时，初始 pH 值保持在 3 左右较为适宜。这一方面是由于溶液初始 pH 值对·OH 的产量造成影响，从而决定了异相电芬顿反应速率的差异；另一方面，适宜的 pH 值会促使 Fe 离子的界面发生芬顿反应，Fe^{3+}/Fe^{2+} 进而在阴极表面进行原位转化。

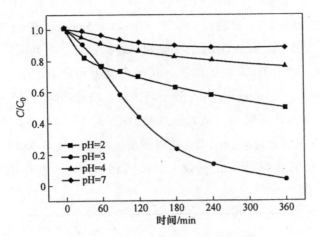

图 2-6　初始 pH 值对 DMA 降解的影响

（反应电流强度 $I = 0.15A$，Fe_3C/C 催化剂投量 500mg/L，氧气流量

40~60mL/min，DMA 溶液初始浓度 $C_0 = 5$mg/L，反应时间为 360min）

当 pH 值较高时，由于自由态的亚铁离子减少而使反应降解率明显下降。自由态亚铁离子减少主要是因为在较高 pH 值的条件下，会抑制 Fe_3C/C 催化剂反应中 Fe^{3+}/Fe^{2+} 的界面转化过程，从而阻碍了·OH 的产生，同时界面上溶出的 Fe^{3+} 和 Fe^{2+} 可能发生水解，在 Fe_3C 表面形成沉淀［式（2-2）和式（2-3）］。

$$Fe^{3+} + e^- \longrightarrow Fe^{2+} \tag{2-2}$$

$$Fe^{2+} + H_2O_2 \longrightarrow Fe^{3+} + \cdot OH + OH^- \tag{2-3}$$

而当溶液 pH 值低于 2 时，降解效率降低主要是由于形成了亚铁的络合离子 $[Fe(II)(H_2O)_6]^{2+}$，它与 H_2O_2 的反应速率远远低于 $[Fe(II)(OH)(H_2O)_5]^+$，从而导致·OH 量减少的缘故。另外当 pH 值过低时，H^+ 捕获·OH 作用非常明显，并且在低 pH 值的条件下 Fe^{3+} 与 H_2O_2 的反应也会被抑制［式（2-4）和式（2-5）］。

$$Fe^{3+} + \cdot R \longrightarrow Fe^{2+} + R^+ \tag{2-4}$$

$$Fe^{2+} + H_2O_2 \longrightarrow Fe^{3+} + \cdot HO_2^{2-} + H^+ \tag{2-5}$$

控制反应 pH=3，既提高了 Fe^{3+} 的存在数量，又提高了 Fe^{3+} 的存在效能，进而促进了异相电芬顿反应地进行以及·OH 的生成。此外，·OH 氧化电位随着 pH 值升高而降低，在 pH = 3 时，·OH 氧化电位在 2.65~2.80V；而当 pH 升高到 7.0 时，氧化电位只有

1.90V。故 pH=7.0 时，·OH 的氧化能力要远远弱于 pH=3.0 时的氧化能力。

2.2.4　不同目标物初始浓度对二甲基砷降解效果的影响

本组实验考察了目标物初始浓度对 Fe₃C/C 催化剂降解水中 DMA 效果的影响。由图 2-7 可知，DMA 初始浓度 C_0 分别为 1mg/L、2mg/L、5mg/L、10mg/L 时，去除率分别为 90%、94%、96%、95%。水中 DMA 的去除效率维持稳定，且并未随 DMA 初始浓度的增大而降低。可推测，增大 DMA 初始浓度，某种程度上可能会增大了反应的接触面积，在足量·OH 存在的基础上，会使得 DMA 分子与该活性物种之间的有效碰撞概率增加，减少液相催化反应中的吸附传质阻力，从而促进对 DMA 与 Fe₃C/C 催化剂在吸附位点的结合，加速反应中 DMA 的催化降解。根据上述吸附实验结论，针对 MMA、As(Ⅴ) 具有良好性能的催化剂 Fe₃C/C 在电催化氧化基础上，可将剩余催化产物吸附络合并继续氧化，360min 可基本将砷去除。

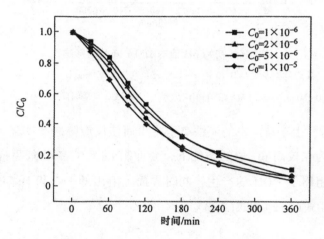

图 2-7　不同目标物初始浓度电催化对 DMA 降解的影响

（初始 pH=3，电流强度 I=0.15A，Fe₃C/C 投加剂量 500mg/L，

氧气流量 40~60mL/min，反应时间为 360nin）

2.2.5　不同电流强度对二甲基砷降解效果的影响

本组试验考察了不同电流强度对 Fe₃C/C 催化降解 DMA 效果的影响。测试条件：图 2-8 比较了 DMA 溶液分别在电流强度 I 为 0、0.05A、0.1A、0.15A、0.2A 时的电催化处理效果，对 DMA 的去除率分别为 6%、50%、77%、96%、79%。酸性体系中，伴随电流强度的增强，单位时间内补给的电子也随之增多，有利于 O₂ 得电子在阴极 ACF 表面转化为 H₂O₂。值得注意的是，电流强度并未与降解效率呈正相关趋势：一方面当电流强度

过大会增强极化反应，O_2 得电子可直接转化为 H_2O［式(2-6)和式(2-7)］。

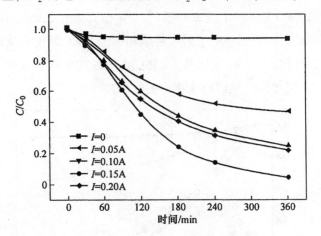

图 2-8　不同电流强度电催化对 DMA 降解的影响

(初始 pH=3，Fe_3C/C 投加量 500mg/L，氧气流量 40~60mL/min，DMA 初始浓度

C_0=5mg/L，调节不同电流强度，反应时间为 360min)

$$O_2+2H^++2e^- \longrightarrow H_2O_2 \tag{2-6}$$

$$O_2+4H^++4e^- \longrightarrow 2H_2O \tag{2-7}$$

另一方面，单位电极上通过的电流增大时，电极的极化增大。当 H_2O_2 初始浓度升高时，有利于增加活性·OH 的产生。然而，过量产生的活性·OH 不仅会发生自身的猝灭［式(2-8)］，·OH 同时也会被 H_2O_2 所捕获生成 H_2O 和其他产物，导致 H_2O_2 与·OH 的相互消耗［式(2-8)和式(2-9)］。

$$2HO \cdot \longrightarrow H_2O_2 \tag{2-8}$$

$$HO \cdot + H_2O_2 \longrightarrow H_2O + HO_2 \cdot \tag{2-9}$$

在本研究考察的电流强度范围内，降解效率先是随着电流强度的升高而升高，超出一定值($I>0.15A$)以后，DMA 的去除率反而下降。因此调控适宜的电流强度对于 Fe_3C/C 的电催化过程显得尤为重要。

2.2.6　不同催化剂投加量对二甲基砷降解效果的影响

本组实验考察了 Fe_3C/C 催化剂不同投加剂量对电催化降解 DMA 效果的影响，实验对比了 Fe_3C/C 投加剂量分别为 0、200mg/L、500mg/L、700mg/L、1000mg/L 时的电催化处理效果，去除率依次为 5%、35%、85%、96%、95%。

由图 2-9 可知，未添加 Fe_3C/C 催化剂的电催化反应对 DMA 基本无降解作用，说明酸性体系下电化学产品 H_2O_2 难以将 DMA 氧化形成新产物。添加催化剂后，随着增加 Fe_3C/C 催化剂投量，DMA 去除率迅速上升。增加 Fe$_3$C/C 催化剂投量为异相电芬顿提供了足够的反应界面，保证了单位时间·OH 产生速率和数量。Fe$_3$C/C 催化剂通过 H$_2$O$_2$ 催化，通过界面反应高效地产生强氧化能力的·OH。最终将液相中的 DMA 氧化为 MMA、As(V) 以及小分子有机酸和无机小分子物质。反应初期，DMA 被分解成有机小分子，随着催化剂投加量的增加，反应活性位置增加，能够产生更多的·OH。

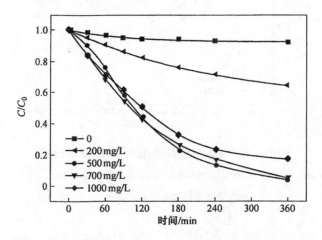

图 2-9　不同催化剂投加量电催化对 DMA 降解的影响

(初始 pH=3，电流强度 I=0.15A，氧气流量 40~60mL/min，DMA 初始浓度 C_0=5mg/L，Fe$_3$C/C 催化剂投加不同剂量，反应时间为 360min)

当投加量达 500mg/L 时，DMA 去除率达到 96%。继续提升催化剂的投加量，去除率不再升高而趋于稳定，这说明对于 DMA 降解存在最佳投加量。在投加量达到 1000mg/L 时，剂量投加反而降低催化及吸附效果，这说明过量的起催化作用的·OH 及其他中间态活性物质遭到吸附活性点位的竞争捕获，进而抑制了催化反应过程。

2.2.7　溶解氧、pH 值、总有机碳及铁离子溶出变化趋势

图 2-10 给出了 Fe$_3$C/C 催化剂电催化降解 DMA 过程中溶解氧、pH 值和 TOC 随时间的变化。图 2-10(a) 显示了通氧曝气后，通过施加恒流电解，液相中溶解氧含量得到了进一步提升，由 21mg/L 增加为 30mg/L，这说明酸性条件电解体系会进一步增加液相中溶解氧浓度，促成氧还原过程。

在芬顿反应中，溶液 pH 值对反应降解效率也有非常大的影响。众多研究表明芬顿反应最佳反应 pH 值范围在 3.0 左右。如图 2-10(b) 所示，在电芬顿反应过程中，溶液 pH 值变化非常明显，pH 值从开始时 3.0 下降到 360min 时的 2.87。在电芬顿反应过程中 pH 值变化主要是因为被氧化作用取代下的甲基生成了小分子有机酸。在反应开始的 90min，

溶液 pH 值基本达到稳定，这可能是由于在界面反应中 Fe_3C 纳米粒子产生的 OH^- 被同期生成小分子有机酸消耗，最终反应速率相同，pH 值保持稳定。

为进一步测定 TOC 的去除情况，考查了最优电催化条件下 Fe_3C/C 催化剂对 DMA 的矿化能力，结果如图 2-10（c）所示。可以看出，随着反应的进行，TOC 去除率逐步增加，反应 360min 时，矿化率可达 85%。上述结果说明，由 Fe_3C/C 催化剂构成的非均相电芬顿体系，一方面可以依靠 $\cdot OH$ 氧化破坏 DMA 的结构，完成甲基取代，使甲基转化为小分子酸/醇，进而迅速被矿化成为二氧化碳和水；另一方面，催化产物 MMA 迅速与 Fe_3C/C 阴极催化剂内部及表面的吸附位点结合，实现了水中有机砷的同步吸附去除。

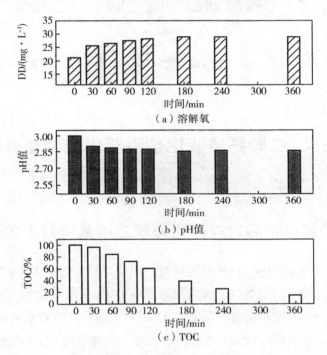

图 2-10 Fe_3C/C 催化剂电催化降解 DMA 过程中溶解氧、pH 值和 TOC 变化

（初始 pH=3，电流强度 I=0.15A，氧气流量 40~60mL/min，DMA 初始浓度
C_0=5mg/L，Fe_3C/C 催化剂投量 500mg/L，反应时间为 360min）

进一步考查了 Fe_3C/C 催化剂电催化降解 DMA 过程；Fe^{3+}/Fe^{2+} 溶出情况如图 2-11 所示，催化降解过程中 Fe_3C/C 催化剂的铁离子在催化开始阶段存在少量溶出（2mg/L），其中 Fe^{3+} 浓度为 1.85mg/L、Fe^{2+} 为 0.2mg/L。反应过程中铁离子浓度不断降低，360min 后测得溶出浓度低至 0.3mg/L，而催化能力未受影响。这可能是因为 Fe^{3+}/Fe^{2+} 被重新吸附到催化剂表面进行 Fe^{3+}/Fe^{2+} 界面循环，证明催化剂在催化过程中实现了铁的高效循环利用。

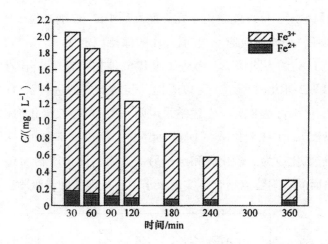

图 2-11　Fe₃C/C 催化剂电催化降解 DMA 过程中 Fe^{3+}/Fe^{2+} 溶出情况

2.3　纳米 Fe_3C/C 碳纤维催化剂电催化二甲基砷的主要机制

2.3.1　屏蔽羟基自由基对电催化降解二甲基砷效果的影响

　　叔丁醇对羟基自由基可进行选择性地捕捉，因此可以通过向 DMA 溶液中投加不同剂量的叔丁醇，通过比较不同剂量叔丁醇投加条件下 DMA 去除效果的差异来判断发挥主要作用的活性物质是否为羟基自由基。如图 2-12 所示，随着反应时间的延长，DMA 去除率的差异越发明显。可见，随着增加叔丁醇投量，反应溶液中的·OH 的活性得到明显抑制，从而降低了 Fe_3C/C 催化剂对 DMA 的去除率，以上研究结果均表明在去除 DMA 反应中·OH 为主要的氧化剂。

2.3.2　羟基自由基的检测与定量

　　电子自旋共振技术在目前水中自由基(包括·OH)测定方法中较为普遍。一般应用自旋捕捉剂(DMPO)捕捉体系内性质极不稳定的·OH，二者反应结合为较为稳定的捕捉剂加合物，进而通过 EPR 波谱仪测定自由基种类和浓度。

　　考查并比较 Fe/PAN 催化剂、Fe_2O_3/C 催化剂、Fe_3C/C 催化剂 3 种催化剂在反应体系中·OH 的产量。不难看出，ESR 波谱图(图 2-13)中与其他文献报道的·OH 的 DMPO 加成产物一致：包含了一个由 4 条谱线组成的峰高比为 1∶2∶2∶1 的自由基波谱，其超精细结构为：$\alpha N = 1.49\text{mT}$，$\alpha H = 1.49\text{mT}$。所以通过这个谱图确认，不同种类电催化剂反应体系中均检测到·OH。从图中可以看出，Fe_3C/C 催化剂电芬顿反应的过程中，产生的·OH 要显著高于其他种类的催化剂，因此负载有石墨碳包覆 Fe_3C 纳米粒子的棒状纤维具有优异的电催化性能，从而实现 DMA 的高效降解。

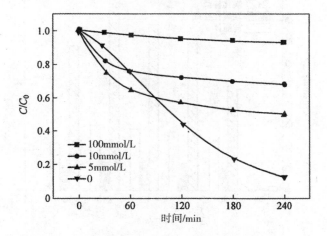

图 2-12　屏蔽·OH 条件下 Fe_3C/C 电催化降解 DMA 效果

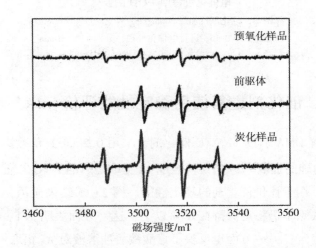

图 2-13　Fe/PAN、Fe_2O_3/C、Fe_3C/C 在反应体系中 ESR 波谱图

（DMA 初始浓度 $C_0 = 5\text{mg/L}$，溶液初始 pH=3，电流强度 $I = 0.15\text{A}$，催化剂投加量为 500mg/L，

氧气流量 40~60mL/min 的条件下，反应时间为 120min）

　　本组实验利用分光光度法考察了 Fe/PAN 催化剂、Fe_2O_3/C 催化剂、Fe_3C/C 催化剂 3 种催化剂在反应过程中·OH 的变化。如图 2-14 所示，相对于其他类型催化剂，Fe_3C/C 在反应过程中始终保持着更高的·OH 浓度，与 ESR 测试结果一致。Fe_3C/C 催化剂的初始活性很高，·OH 生成量随着反应时间不断变化，初始 240min 反应时间内，·OH 生成量不

断增加，并在 240min 达到最大产量，产量分别为 88μmol/L、14μmol/L、29μmol/L；随着反应时间的延长，由吸附络合作用导致了催化剂的活性位点受到竞争占据，因此·OH 产量逐渐降低，降解 DMA 活性下降。

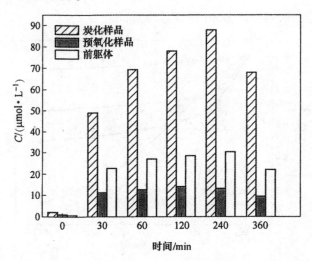

图 2-14 Fe/PAN 催化剂、Fe₂O₃/C 催化剂、Fe₃C/C 催化剂
电催化过程中·OH 的变化

（初始 pH=3，催化剂投加量 500mg/L，氧气流量 40~60mL/min，
电流强度 I=0.15A 进行电催化处理，分别在 0、30min、
60min、120 min、240 min、360min 取样，反应时间为 360min）

2.3.3 Fe₃C/C 催化剂重复使用稳定性能评价

针对电催化降解 DMA 后的 Fe₃C/C 催化剂，采用 0.2mol/L 草酸铵缓冲溶液提取其表面吸附 As，在 2h 内砷的提取率达 97%。经过 As 提取之后的 Fe₃C/C 催化剂，经抽滤并冷冻干燥后重新利用，用于评价催化剂的稳定性能。图 2-15 结果显示，在 6 次重复使用后 Fe₃C/C 对 DMA 的去除率仍稳定保持在 85% 以上，这一方面表明了 Fe₃C/C 在电催化体系中可维持自身结构稳定，另一方面也反映了草酸铵缓冲溶液对 As 提取没有破坏 Fe₃C/C 的结构，保证了催化剂的可重复利用性能。

2.3.4 Fe₃C/C 催化剂电催化有机砷降解机理的探究

图 2-16(a) 为初始浓度为 5mg/L 的 DMA 在电催化中不同时刻从溶液取样实测的 DMA、MMA、As(V) 各组分浓度，在不同反应阶段溶液均可检出 MMA，但是并未检出无机砷。图 2-16(b) 为不同反应时间的 Fe₃C/C 催化剂颗粒，置于浓盐酸溶液中超声溶解后测得 DMA、MMA、As(V) 各组分浓度。测试结果显示，随着反应时间延长，DMA 不断降

低，MMA 和 As(V)浓度不断增加，总砷量维持不变，表明 DMA 通过·OH 氧化被降解为 MMA、As(V)以及 CO_2 和甲醇。由此可以推断在反应过程中：

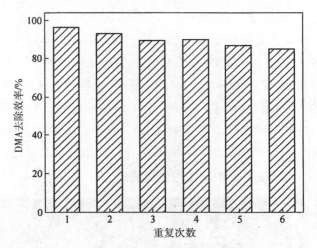

图 2-15 Fe_3C/C 催化剂重复使用稳定性能变化

(1)MMA 的氧化形式为：新生 MMA 首先被吸附到 Fe_3C/C 催化剂表面及内部进行络合，在原位继续进行催化氧化，这是大部分 MMA 的降解形式，确保了 As(V)不会以游离的形式存在于溶液中，避免二次污染。

(2)图 2-16(a)显示 MMA 在溶液中呈先增加后减小的趋势，而图 2-16(b)MMA 在溶液中呈逐渐增加趋势，在 180min 后增加速率趋于平缓。以上数据说明，液相中 MMA 的浓度变化是由 DMA 降解生成 MMA 速率与 MMA 被 Fe_3C/C 吸附速率两种因素共同决定。在反应 240minDMA 向 MMA 转化速率达到最快。

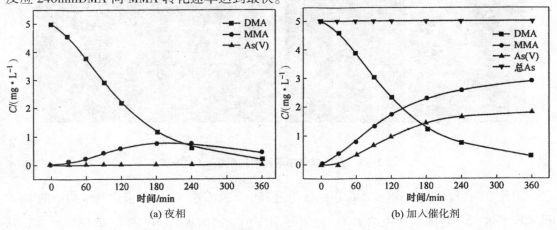

(a) 夜相　　　　　　　　　　　　　(b) 加入催化剂

图 2-16 液相中检测出的不同形态砷浓度和将催化剂溶解后检测出的

不同形态砷浓度

(初始 pH=3，催化剂投加量 500mg/L，氧气流量 40~60mL/min，电流强度 $I=0.15A$)

此外，实验过程中发现，投加催化剂后，反应开始阶段溶液体系呈现黑色浑浊状，而后 Fe_3C/C 催化剂会逐步吸附在阴极活性碳纤维（ACF）上，并在 60min 之内可达到吸附完全，这种现象显示了 Fe_3C/C 催化剂与 ACF 结合带来的明显优势：其一是 Fe_3C/C 被吸附后作为阴极发生电子传递，更好地完成氧化还原过程；其二是新生 MMA、As（V）会作为吸附质聚积在阴极的 ACF 中，便于 Fe_3C/C 催化剂与 As 的回收利用或处理。

从图 2-17 中看出，在反应 30min 时，ACF 上仅有少量的 Fe_3C/C 黏附，同时有些细碎的微粒会首先脱离 Fe_3C/C 附着到 ACF 表面。反应到 60min 时，有大量的 Fe_3C/C 纳米纤维通过电吸附作用、静电作用吸附散落在阴极 ACF 表面。由 120min 的 SEM 发现 Fe_3C/C 在 ACF 表面产生团聚，结合得更加紧实。360min 反应结束，可以看出，大量 Fe_3C/C 催化剂被吸附在阴极表面，且表面被细小颗粒物所包裹。

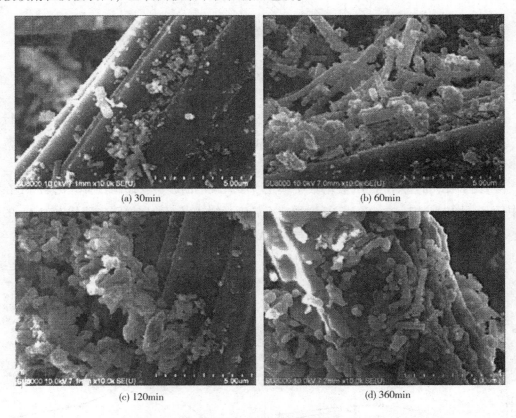

(a) 30min (b) 60min

(c) 120min (d) 360min

图 2-17 反应过程中不同时段阴极 ACF 形貌

由此推断，在非均相电芬顿体系的反应过程中，分布在 Fe_3C/C 催化剂结构中的 Fe_3C 纳米粒子表面与电化学产生的 H_2O_2 发生界面作用，同时进行 Fe^{3+}/Fe^{2+} 的原位转化，其中，MMA 会被逐步吸附到 Fe_3C 纳米粒子表面原位发生再氧化形成 As（V）。

2.3.5　Fe₃C/C 催化剂电催化降解有机砷机制

根据以上结果，推测以 Fe_3C/C 催化剂作为异相电芬顿催化剂的催化降解机制：电催化过程发生于 Fe_3C/C 催化剂被吸附于阴极之后，Fe_3C/C 的界面异相电芬顿氧化基于酸性体系中电解氧还原形成 H_2O_2。其通过微小的传质孔道与 Fe_3C/C 碳基质中的 Fe_3C 纳米粒子表面相接触并发生界面芬顿反应生成·OH，如图 2-18 所示。新生·OH 游离至溶液中将 DMA 结构中的甲基氧化取代，氧化产物 MMA 可被吸附至 Fe_3C 纳米粒子表面进行络合反应，并原位氧化降解为 As(V)，最终保证了出水中 As(V) 浓度低于检测限。氧化过程中，甲基砷中的甲基被转化成了水、无机碳，以及少量有机小分子，如乙酸和甲醇。与此同时，反应伴随了 Fe^{3+}/Fe^{2+} 在阴极的原位循环转化和阳极的协同氧化过程。

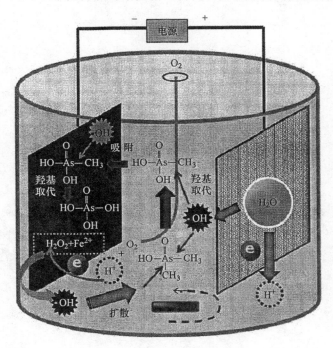

图 2-18　Fe_3C/C 的异相芬顿氧化过程

第 3 章

改性纳米碳纤维材料脱除甲苯的应用

催化降解过程是一个包括活性组分氧化还原、氧气转化、污染物转化等多种过程的集合，Liu 等利用 2.68%FPt/ACFs 催化剂考察了反应温度和氧气含量对甲苯催化燃烧性能的影响，反应温度为 25℃、120℃、150℃、200℃、250℃、300℃、350min 后，转化率分别稳定在 15%、28%、29%、27%、100%、100%，发现低温下反应以吸附为主，250℃才能提供足够的能量，20% 的氧气含量能够提供充足的氧化剂，这与氧气的转化速率和与载体的黏着系数有关。Everaert 等通过系列催化剂降解 VOCs 的数据研究催化动力学，发现氧气浓度和 VOCs 的去除率关联性不大，氧气浓度和反应速率符合零级反应，在一定范围内，VOCs 浓度和反应速率符合一级反应，反应温度的提高可增加 VOCs 的降解率，可见温度、氧气含量等对催化过程意义重大。

当前研究利用 Mn—Ce/ACFN 催化剂重点考察反应温度、氧气含量，气速参数的作用，并通过对比催化剂反应前后的表征结果和催化产物推测甲苯反应机理，为日后催化剂的制备和反应条件的选择提供依据。

3.1 实验方法

3.1.1 催化剂制备

3.1.1.1 碳纤维改性

用电子天平准确称取活性碳纤维(记作 ACF，出厂参数见表 3-1)，剪裁成大小均一的块状颗粒，尺寸为 3mm×3mm，首先用去离子水清洗两遍。在 105℃ 干燥 12h 后采用常温改性或高温改性。常温改性是取改性液 150mL，将碳纤维浸渍于改性溶液中，25℃ 搅拌 1h，静置 4h。改性液种类有 HCl、H₃PO₄、HNO₃、NaOH、H₂O₂，其质量分数为 30%，硝酸改性液有多个浓度范围，为 10%、30%、45%、60%。用去离子水将改性后的活性碳纤维洗至洗涤水 pH=7.0，最后取出 ACF 于洁净的干燥箱中在 105℃ 下烘干 12h，将其装至塑料封口袋中密封保存于干燥皿中，记作 ACF-X，其中 X 代表改性液的种类；高温改性是利用质量分数 60% 的浓硝酸在避光油浴中回流 2h，然后取出冷却至常温，经过洗涤干燥得到最终载体，记作 ACFN。

高温改性会造成质量损失：量取清洗干净的 ACF 2.6g，利用高温浓硝酸改性得到的 ACFN 质量为 1.7g，根据收率计算公式得到收率为 65.38%。

表 3-1 黏胶基碳纤维的基本参数

外表面积/ ($m^2 \cdot g^{-1}$)	比表面积/ ($m^2 \cdot g^{-1}$)	微孔巧积/ ($mL \cdot g^{-1}$)	单丝直径/ μm	松密度/ ($g \cdot cm^{-3}$)	厚度/mm
1.5~2.0	1000~1500	0.25~0.7	9~18	0.02~0.03	2~3.5

3.1.1.2 Mn-Ce/ACF(N) 制备过程

采用过饱和浸渍的方法制备 Mn-Ce/ACF(N) 系列催化剂，分别称取定量的硝酸锰和硝酸铈，配制成一定浓度的水溶液，硝酸锰和硝酸铈的浓度为 0.080mol/L 和 0.026mol/L，总负载量为 10%（以 MnO_2-CeO_2 计算），将 500mg 碳纤维或改性碳纤维加入浸渍液中，磁力搅拌 1h，超声浸渍 2h，静置浸渍 6h，过滤后在 105℃ 空气气氛下干燥 12h，最后在氮气氛围下高温焙烧 4h，记作 MnFCe/ACF(N)。

3.1.2 催化剂活性评价

本章评价催化性能的设备是微型的固定床反应器，主要设备和吸附装置相同。反应在大气压下进行，主要部件为石英管（内径 9mm），在反应器内部设置热电偶测定反应湿度，混合目标气体在预热器中进行混合预热，通过调节污染物的气体配制进口的浓度，反应空速为 50L/(g·h)，进气体积比 $V_{N_2}:V_{O_2}=4:1$，甲苯进口浓度为 550mg/m³。反应温度窗口为 50~250℃，催化剂活性评价时先开启加热装置等待温度稳定。开启气体发生器，催化燃烧过程持续 60min 达到平衡，然后进行取样分析。

为了方便描述催化剂对甲苯的催化活性，用 T_{10}、T_{50}、T_{80} 和 T_{90} 代表甲苯降解率为 10%、50%、80% 和 90% 时的反应温度，单位为℃。为了保证试验的气密性和分析甲苯的热稳定性，活性评价前在不添加催化剂条件下进行空白试验，气体流量为 25mL/min，氧气含量为20%，如图3-1所示。结果表示在反应温度为40~240℃的条件下，甲苯的转化率在2%以内时，随着温度的升高，甲苯因为高温发生分解反应，所以甲苯在低温时较难分解，试验中气源能够稳定地发生。

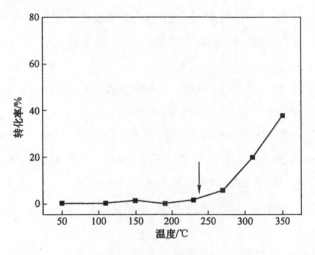

图 3-1　甲苯催化空白试验

3.1.3　催化剂表征手段

（1）XRD表征。X射线衍射仪（XRD）采用德国布鲁克AXS公司，型号为FOCUSFD8。铜靶 Kα 射线，阶梯扫描方法进行。衍射角 2θ 从 10°~90°，工作电压为35kV，管流30mA。将催化剂载于载物台上，载玻片压平进行测量，可得到材料里金属氧化物晶型。将得到的结果和已知物的峰位比对，分析结果。

（2）SEM表征。扫描电子显微镜（SEM）采用日立公司，型号S-4700。精密度分辨率为2.1nm（1kV），1.5nm（30kV），加速电压为0.5~30kV，放大倍数范围为20~500000倍。实验所用倍数为5k和50k，通过SEM观测材料的表面状态、金属氧化物的成型和分布状况。

（3）ICP-A段测定。等离子体原子发射光谱仪（IGP-AES）采用美国 Thermo Fisher Scientific 公司，型号为 iCAP 6300。谱线发射强度与待测元素原子浓度有关，故可进行定量分析。测量离子浓度的过程为：精确称量5mg固体粉末，记录其质量数据，加入现配王水4mL，将溶液进行高温消解，消解时避光，稀释定容至250mL，取清液进行测试。

（4）ICP-A段测定。X射线光电子能谱仪采用美国 Thermo Fisher Scientific 公司，型号为 ESCALAB250。仪器的分辨率 0.80eV，灵敏度 100kcps，图像分辨率可以达到 $3\mu m$，AlKa 为激发源，结合能为 Cls 的 285.0eV，催化剂表面原子浓度由各个元素峰面积乘以校正因子，用巧一法计算。若无特殊说明，XPS 的实验结果由标准数据和相关文献来确定组成，主要考察了 O、C、Ce 和 Mn 元素的价态和变化。

（5）BET 表征。载体材料的比表面积和孔径采用全分析自动分析仪采用美国康塔仪器公司，型号为 Quadrasob SI-MP，吸附温度为 77K。预处理先采用 105℃ 干燥 12h，再采用 200℃ 真空预处理 Fh。比表面积采用 BET 计算，孔分布采用 DFT 和 BJH 法，微孔分析采用 HK 法。

（6）表面酸性探究。酸性测试常用有以下几种方法，傅里叶红外光谱测试（FTIR），碱性气体程序脱附试验（如 NH_3-TPD），XPS 以及 Boehm 滴定等。

①红外光谱表征。傅里叶变换红外光谱仪器采用布鲁克公司，型号为 TENSOR27，仪器的扫描范围是 $4000 \sim 400 cm^{-1}$，实验材料为固体粉末，采用光谱纯 KBr 压片制得测量样品，为了排除水的影响，需把 KBr 和催化材料充分干燥。

②Boehm 滴定表征。Boehm 滴定法是 1962 年德国教授 H. P. Boehm 提出的，主要利用酸碱滴定的原理。

③XPS 表征。分析的对象为 C、O 元素，由于 C 表面含有不同的含氧基团，其中结合键能不一样，影响 C 元素表面的电子分布，故通过 C 的特征峰面积可计算得到基团的含量。

3.2　催化甲苯反应过程因素的影响

3.2.1　反应温度的影响

选用 Mn—Ce/ACFN 在温度变化的情况下进行稳定性实验，如图 3-2 所示。Zhou 等利用 Mn—Co 氧化物进行稳定性测试，发现 230℃ 时，随着时间的增加，转化率不断下降，主要是温度提供的热量不足，导致空气中的氧气不能被活化变成晶格氧，进一步与污染物反应，在 235℃ 时，转化率在前 200min 时保持了 80% 以上的转化率，210min 后转化率急剧下降为 29%，这是由于低温导致催化剂被钝化，中毒物质不能分离；在 240℃ 时，催化剂可在 720min 内保持 90% 以上的转化率，可见温度对催化反应的影响比较重要。研究发现 150℃ 时，转化率不断下降，主要因为吸附逐渐饱和；增加反应温度到 170℃，催化剂的活性升高到 73%，温度为 190℃ 时，转化率又有所提升。可见升温可以提高催化剂的活性和稳定性，防止催化剂钝化。

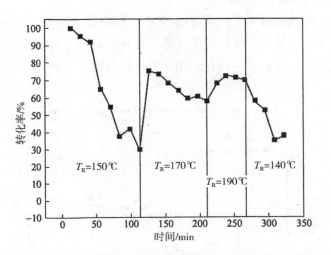

图 3-2　温度对 Mn—Ce/ACFN 的催化过程的影响(T_R 为反应温度)

3.2.2　氧气含量的影响

3.2.2.1　氧气浓度对 Mn—Ce/ACFN 的影响

首先利用 Mn—Ce/ACFN 催化剂探讨不同的氧气浓度的影响,在反应温度为 190℃,反应空速为 50L/(g·h)情况下,得到图 3-3 数据,每次数据为稳定 60min 后测定得到。从图中可见随着氧气浓度的增加,甲苯转化率不断升高,但当氧气含量超过空气比例(20%)后,转化率基本没有变化,推测原因是在氧气不足时,活性组分转化分子氧的速度低于满耗量,随着氧气的增加,又受到催化剂的性能限制,不能利用更多的分子氧,出于经济性考虑,采用空气中氧气比例为 20%最佳。

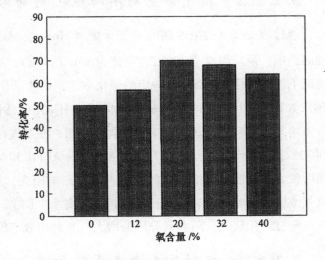

图 3-3　不同氧气浓度对甲苯转化率的影响

利用催化剂在相同的气速下进行实验,探究温度是否可以提高催化剂利用分子氧的速率,每个试验数据的实验均采用新鲜的催化剂,减少了每个点可能具有的被钝化的误差,结果如图 3-4 所示。在相同的气氛下,随着温度的升高转化率有所增大;在相同的温度下,140℃前,氧气浓度越大,催化剂的转化率越高，三者的区别不大；反应温度高于140℃，20%氧气下的甲苯转化率迅速提升，高温有利于氧气的利用，没有氧气时甲苯转化率升高趋势缓慢；在200℃时，转化率为58%，而氧气为40%条件下，催化剂由于氧化性过强，导致孔结构改变，造成催化剂降解率下降。

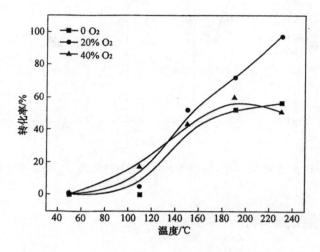

图3-4　不同氧气浓度下温度对催化性能的影响

3.2.2.2　氧气含量对不同催化剂的影响

通过改变氧气的浓度探究氧气含量对 Mn—Ce/ACFN、30% HNO₃、30% NaOH 催化过程的影响，反应温度为190℃，空速为50L/(g·h)，结果如图3-5所示。首先在无氧气的情况下，3种催化剂都具有一定的催化活性，由于催化剂本身含有新鲜活性组分和吸附的部分氧气，并且相比而言 Mn—Ce/ACFN—HNO₃ 的活性较高，推测氧化物本身颗粒微小，分布均匀，材料表面还含有丰富的含氧基团；在氧气存在的情况下，氧气浓度从10%增加到32%，催化剂活性均有提升，但 Mn—Ce/ACFN 和 Mn—Ce/ACFN—NaOH 的转化率增加幅度较大，说明氧气浓度对此类材料活性影响较大，但对于 Mn—Ce/ACFN—HNO₃ 而言，氧气浓度为20%时，转化率已经保持在较高水平(70%)，催化剂在氧气比例为20%的条件下可充分活化氧气，随着氧分压的增大，其利用效率维持平衡，没有增加。

3.2.2.3　吸附氧和空气氧的作用

Gomez 等曾指出催化剂表面的吸附氧有活化甲苯的作用，使甲基脱氢。为了验证催化剂表面的吸附氧作用，设计了氧气开关试验，在反应温度为170℃，空速为50L/(g·h)的情况下得到如图3-6所示的结果。首先看出在无氧气的情况下，Mn—Ce/ACFN 具有催化活性，说明催化过程利用 MnCeO_x 中存在晶格氧和吸附在催化剂表面的分子氧，随着时间的推移，氧被消耗，转化率不断下降，在约 50min 时引入体积分数为 20% 的氧气，甲苯转化率有所升高，已经被还原的 Mn—Ce 氧化物被氧化为高价态，气源中氧气逐步更新为体相氧；在氧气一直存在的情况下，甲苯转化率优于无氧气的情况，但由于温度的不足导致催化剂活性不高，在 50min 后保持稳定。

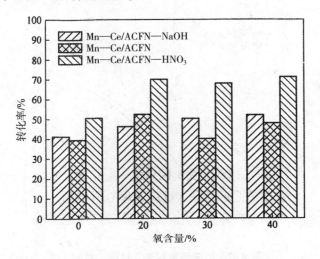

图 3-5　不同催化剂在氧气变化中的甲苯去除率

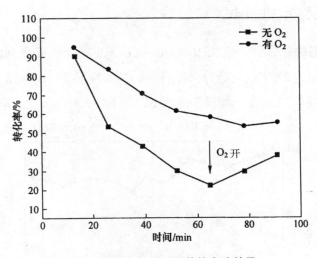

图 3-6　氧气通断下甲苯的去除效果

3.2.3　反应气速的影响

　　污染物浓度是影响反应速率的关键因素之一，根据已有的报道，污染物降解反应级数是 1，随着污染物浓度的升高，反应速率有所增加。事实上反应速率受到多方面影响，反应物浓度、气速、催化剂用量的变化本质都是 VOCs 浓度的变化，研究通过改变 Mn—Ce/

ACFN 的填充量改变反应气速，得到的甲苯降解与温度关系如图 3-7 所示，可以看出甲苯转化率均随着温度的升高而增加，在 42L/（g·h）情况下，降解率有轻微的降低，但 Mn—Ce/ACFN 在这个范围内依旧具有良好的催化活性。相关研究人员通过甲苯体积分数为 $500×10^{-6}$、$1000×10^{-6}$ 和 $1500×10^{-6}$ 的催化实验也同样得到相似的结果。

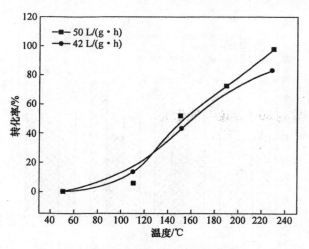

图 3-7　反应气速对催化过程的影响

3.2.4　催化剂稳定性测试

为了评价催化剂的稳定性，使用 10% Mn—Ce/ACFN-450 催化剂在甲苯进口浓度为 $550mg/m^3$，反应温度为 230℃，空速为 50L/（g·h）的条件下进行 600min 的连续性催化反应，所得甲苯转化率随时间的变化曲线如图 3-8 所示，在 10h 长时间催化反应过程中，甲苯转化率保持了较高的水平，高于 90%。可见 10% Mn—Ce/ACFN-450 催化剂具有良好的稳定性。

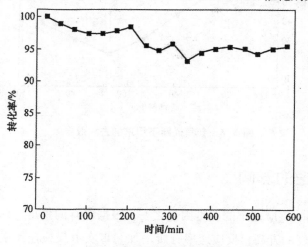

图 3-8　催化剂稳定性测试

3.3 Mn—Ce/ACFN 催化降解甲苯机理的研究

3.3.1 催化剂反应前后变化

选用反应 2h 后的催化剂 Mn—Ce/ACFN 进行表征，反应条件为甲苯进口浓度为 550mg/m³，反应温度为 230℃，空速为 50L/(g·h)。稳定性是催化剂的重要指标之一，通过前面的稳定性实验可以发现，Mn—Ce/ACFN 可保持 10h 的稳定性，但转化率从 95% 降到 80%，说明催化剂发生了不可逆的反应。催化剂失活原因有活性物质的流失、表面团聚、催化剂中毒等，本节通过 XRD 和 XPS 表征探究原因，结果如下所述。

3.3.1.1 XRD 表征

图 3-9 是 Mn—Ce/ACFN 反应前后的 XRD 图。可以看出催化剂的变化不明显，没有明显的氧化物特征峰，除了石墨结构的特征峰，如 24°(002) 和 43°(100)，可见随着催化反应的进行，MnO_x-CeO_2 保持着分散的状态，保证了催化剂的良好稳定性。

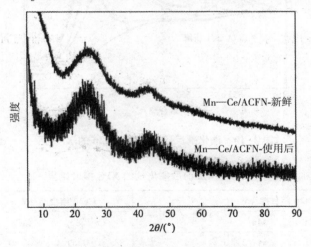

图 3-9 反应前后 Mn—Ce/ACFN 的 XRD 图

3.3.1.2 XPS 表征

图 3-10 是催化剂 Mn—Ce/ACFN 反应前后 Mn2p 的 XPS 谱图，拟合结果见表 3-2。可看出 Mn—Ce/ACFN 中 Mn 的价态基本没有变化，Mn 参与氧化还原过程没有被过分氧化，

但 Mn^{4+}/Mn^{3+} 的含量从 1.7 降到了 1.5，并且在 647eV 处出现了 Mn^{2+} 的卫星峰，这可能是使甲苯降解率有所下降的原因。Wang 等曾指出，具有良好催化活性的 $MnCeO_x$（Mn/Ce = 0.86）反应前后的 Mn 各价态含量无较大变化，而与 Ce 比例较高的 $MnCeO_x$（Mn/Ce = 0.69）的催化剂相比，反应后 Mn^{4+} 的含量增加，推测由于 Ce 含量的增加提高了储氧能力，Mn 被氧化。

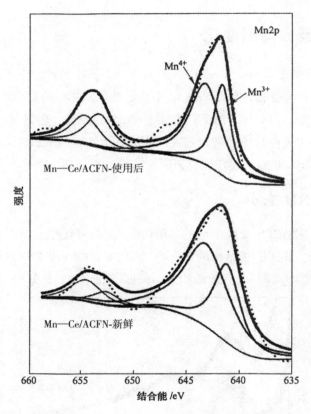

图 3-10　催化剂反应前后的 Mn2p 的 XPS 图

表 3-2　反应前后催化剂的 XPS 拟合结果

样品	Mn2p 结合能/eV		Mn^{4+}/Mn^{3+}	Ce3d 结合能/eV		Ce^{3+}/Ce^{4+}
	Mn^{4+}	Mn^{3+}		Ce^{3+}	Ce^{4+}	
反应后催化剂	643.0	641.2	1.5	885.6/903.9	889.4/907.7	1.6
反应前催化剂	643.1	641.1	1.7	885.7/904.2	889.0/907.2	>10

图 3-11 为催化剂反应前后的 Ce 3d 的 XPS 结果，可以看出反应后催化剂表面在 889.0eV 的峰强有所减弱，为了量化表面 Ce 价态的变化，根据峰面积进行计算，表 3-2 为结果，反应后 Ce^{3+} 含量急剧增加。

　　催化剂 Ce 在催化过程中储氧和释氧速度不一致，导致 Ce 价态的变化失衡，进而会造成稳定性下降。

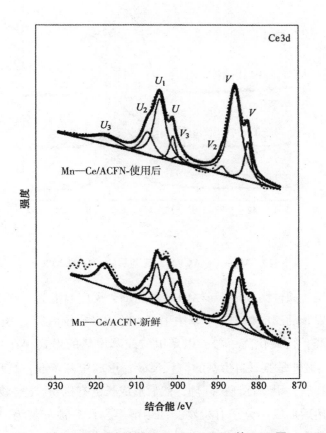

图 3-11　反应前后 Mn—Ce/ACFN 的 XPS 图

图 3-12 为催化剂反应前后的 O1s 的 XPS 图谱，Mn—Ce 氧化物晶格氧存在的位置在 529.5~530.5eV 处，没有出现相似的结果，可能是由于表面的 $MnCeO_x$ 颗粒度小，碳基材料表面又存在大量的含氧官能团，Zhong 等也发现了同样的现象。在 532.6eV 的位置出现的峰对应的是 C—O、C =O、COOH 等基团，对比 ACFN 和 Mn—Ce/ACFN-新鲜可以得到表面的含氧官能团损失不严重。另外 Mn—Ce/ACFN-使用后可以看出在 531.8eV 出现了明显特征峰，一般对应 OH 物质，推测是甲苯降解产物吸附在催化剂表面甲酸或者甲苯酸。

3.3.2　催化反应产物的研究与甲苯降解机理的推测

甲苯的催化氧化过程是一个复杂的过程，甲苯中含有苯环和甲基，在分解的过程中可能有多种方式开始分解，一个是从甲基开始分解，另一个是从苯环开环。甲苯的光催化过程已有很多报道，但是甲苯的催化燃烧分解过程的研究还没有很深入，首先通过澄清的氢氧化钠溶液进行尾气吸收发现溶液逐渐浑浊，说明有 CO_2 的产生；通过色谱甲醇收集 10h

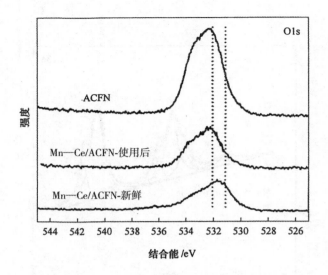

图 3-12　Mn—Ce/ACFN 反应前后的 O1s 的 XPS 图

的反应产物，催化反应条件为 Mn—Ce/ACFN 催化剂，反应温度为 190℃。GC-MS 分析得到的产物结果推测甲苯的反应机理，甲苯中甲基中的[H]比较活泼，由于氧气的存在，甲基逐步被氧化为甲醛，再氧化为甲酸，以苯甲酸或苯甲醛的形式存在，后被逐步分解为 CO_2、H_2O 小分子；另外是氨氧自由基的取代反应，形成甲基苯酚，这种邻甲基苯酚易被破坏，中间碳链断裂后，甲苯逐渐被开环，然后形成长链有机物(脂肪酸类物质)，支链有机物容易被分解，然后形成小分子有机物，如甲醇等，最后被分解为 CO_2、H_2O 小分子；甲苯降解过程有很多中间产物，这些产物和苯环类物质反应还会生成新的物质。

第 4 章

功能性纳米纤维膜在
光催化中的应用

4.1 引言

以半导体催化剂为核心的光催化氧化技术具有价格低廉、催化底物范围广、高效快速等优点，在废水处理中存在极大的应用前景。然而，在实际使用过程中，催化剂颗粒容易聚集，而且催化剂回收再利用工艺复杂，限制了其大规模工业化应用。针对上述问题，采用纳米纤维基载体，原位负载光催化剂，研究制备的纳米纤维基光催化复合材料催化降解染料废水的性能具有重要意义。

4.2 PMMA/OMMT/TiO$_2$ 复合纳米纤维膜

4.2.1 PMMA/OMMT/TiO$_2$ 复合纳米纤维膜的制备

聚甲基丙烯酸甲酯（PMMA）是一种重要的透明高分子材料，有机改性蒙脱土（OMMT）是一类典型的层状硅酸盐非金属纳米矿物。称取一定质量的 PMMA 和 OMMT 溶于 DMF 中，于磁力搅拌器上 46℃水浴搅拌 8h。混合均匀后，称取一定质量的纳米 TiO$_2$ 分散于纺丝液中，制备质量分数为 25% 的 PMMA、PMMA/OMMT（PMMA 质量分数为 25%，OMMT 质量占 PMMA 的 5%）和 PMMA/OMMT/TiO₂（PMMA 质量分数为 25%，OMMT 质量占 PMMA 的 5%，TiO₂ 的质量占 PMMA 的 3%）混合溶液，将纺丝液倒入注射器（10mL）中，将磨平的针头（7 号）以注射器连接；设置纺丝参数；溶液喷出速度为 0.5mL/h，收集装置距离针头之间的距离为 16cm，纺丝电压为 18kV，静电纺丝时间为 10~15h，分别制得 PMMA、PMMA/OMMT 和 PMMA/OMMT/TiO₂ 复合纳米纤维膜。

PMMA/OMMT 和 PMMA/OMMT/TiO₂ 纳米纤维表观形态如图 4-1 所示，PMMA/OMMT 复合纳米纤维的直径在 600~700nm，且表面光滑没有产生节点。PMMA/OMMrr/TiO₂ 复合纳米纤维的直径在 800~900nm，纤维表面凹凸不平且存在节点。这是由于在高压电场的作用下，TiO₂ 颗粒会随着纺丝液聚合物一起喷出，TiO₂ 随机分散在 PMMA/OMMT 复合纳米纤维表面或纤维内部使纤维变得凹凸不平。这种 TiO₂ 材料是产生光催化作用的主要成分。

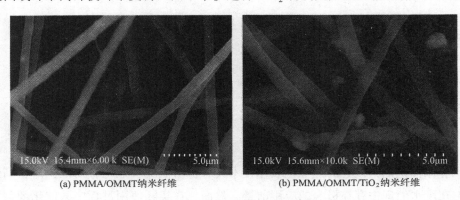

(a) PMMA/OMMT纳米纤维　　　　　　　　(b) PMMA/OMMT/TiO₂纳米纤维

图 4-1　纳米纤维的扫描电镜图

纳米纤维膜的能谱测试图像如图 4-2 所示。PMMA 为高分子聚合物，其化学式为

$$\text{—}[\text{CH}_2\text{—}\overset{\overset{\displaystyle \text{CH}_3}{|}}{\underset{\underset{\displaystyle \text{COOCH}_3}{|}}{\text{C}}}]_n\text{—}$$，其能谱图中只含有 C、O 两种元素。OMMT 的主要化学成分包括 SiO₂、

Al₂O₃、CaO 等。由图可知，PMMA/OMMT 复合纳米纤维膜含有 OMMT 和 PMMA 的主要化学元素（C、Si、Al、Ca、O）；PMMA/OMMT/TiO₂ 复合纳米纤维膜中含有 Ti、Si、Al、Ca、O 等化学元素，说明复合纳米纤维膜含有 TiO₂、OMMT、PMMA 等各成分的有效元素。

纳米纤维和 OMMT 的红外光谱图如图 4-3 所示，由 OMMT 和 PMMA/OMMT/TiO₂ 的红外光谱曲线可看出，在波数为 1637.05cm⁻¹ 处的吸收峰是 OMMT 片层之间吸附的 Na⁺ 特征峰，此特征峰在 PMMA/OMMT/TiO₂ 的红外光谱曲线中同时出现，说明 OMMT 分散到

PMMA 中。由 PMMA 和 PMMA/OMMT/TiO$_2$ 的红外光谱曲线可以看出，在波数为 1750cm^{-1} 处有 PMMA 的特征峰，在 PMMA/OMMT/TiO$_2$ 的红外光谱曲线中同时存在波数为 1750cm^{-1} 的特征峰，说明 PMMA 中加入了 OMMT。

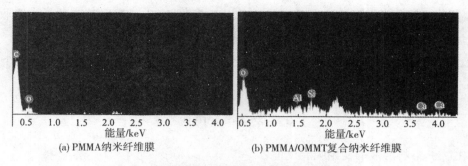

(a) PMMA 纳米纤维膜　　　　　(b) PMMA/OMMT 复合纳米纤维膜

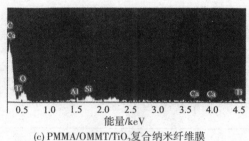

(c) PMMA/OMMT/TiO$_2$ 复合纳米纤维膜

图 4-2　纳米纤维膜的能谱图

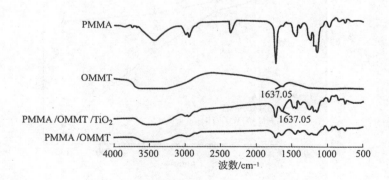

图 4-3　不同纳米纤维的红外光谱图

4.2.2　PMMA/OMMT/TiO$_2$ 复合纳米纤维膜的光催化降解性能

在 500W 汞灯照射下，利用亚甲基蓝（MB）的降解率来表征复合纳米纤维材料光催化性能。

分别称取 50mg PMMA、PMMA/OMMT、PMMA/OMMT/TiO$_2$ 纳米纤维膜，置于 50mL

(浓度为 5.0mol/L) 的亚甲基蓝溶液中。同时对照组中不加任何催化剂。将试管放于 XPA 光化学反应仪中进行光催化试验。设置时间间隔为 5min、10min、15min、25min、45min、75min、120min，分别取出空白对照组和试验组的光催化反应后的 MB 溶液，采用 UV-5500 型紫外可见分光光度计测定反应前后亚甲基蓝在 664nm (亚甲基蓝的最大吸收波长) 处吸光度数值。每组试验做 5 次，计算平均值。

利用染料溶液的降解率 D 来表征该复合纳米纤维膜对亚甲基蓝溶液的催化活性，其降解率 D 计算式如下：

$$D = \frac{A_0 - A_t}{A_0} \times 100\% \tag{4-1}$$

式中：A_0——染料溶液的初始吸光度值；

A_t——反应时间为 t 时染料溶液的吸光度值。

通过静电纺丝技术制备了 PMMA/OMMT/TiO$_2$ 复合纳米纤维膜，将其作为光催化材料，研究对亚甲基蓝溶液的光催化降解性能，结果如图 4-4 所示。由图可知，在一定的外界条件下，将 50mg 的 PMMA/OMMT/TiO$_2$ 复合纳米纤维膜放于亚甲基蓝溶液中，经过 120min 后，亚甲基蓝溶液的降解率高达 79.23%。

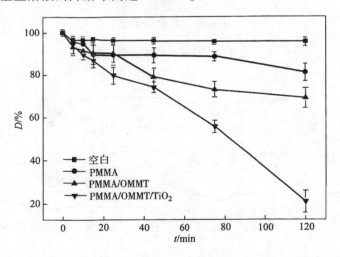

图 4-4　复合纳米纤维膜光催化降解亚甲基蓝曲线图

相比之前的光催化剂而言，研究制备的复合纳米纤维膜对亚甲基蓝溶液的降解率具有更高的光催化效率。这是由于 PMMA/OMMT/TiO$_2$ 复合纳米纤维膜的纤维具有较小的平均直径，相同质量的样品具有更大的比表面积，活性位点较多，增大了光催化反应面积，因此具有更高的催化效率。由图 4-4 可看出，PMMA/OMMT 复合纳米纤维膜也有一定的降解亚甲基蓝的效果，原因是 OMMT 本身具有很大的比表面积，样品中存在很多的微孔，因此对有机染料亚甲基蓝有一定的吸附作用；空白对照和 PMMA 对亚甲基蓝的降解几乎没有发生作用。亚甲基蓝降解率的对比表明了 PMMA/OMMT/TiO$_2$ 复合纳米纤维膜具有较好的光催化性能。除此之外，反应完毕后，PMMA/OMMT/TiO$_2$ 复合纳米纤维膜更便于回收。

通过静电纺丝技术制备了纤维直径小、比表面积大的复合纳米纤维膜，并成功地把纳米 TiO$_2$ 负载在纳米纤维上，有效地增大了与反应物的接触面积，有利于光催化反应的进行。与纳米 TiO$_2$ 颗粒相比，所制备的负载 TiO$_2$ 复合纳米纤维膜在实际操作中具有良好的可操作性和易回收性。PMMA/OMMT/TiO$_2$ 复合纳米纤维膜对有机污染物亚甲基蓝的降解率 2 小时后达到 79.23%，催化效果优异。

4.3　PVA/PA6/TiO$_2$ 复合纳米纤维膜

4.3.1　PVA/PA6/TiO$_2$ 复合纳米纤维膜的制备

聚酰胺（PA6）是一种常用的化工原料，具备高强度、化学性能稳定等优势，通过静电纺丝方法制备的 PA6 纳米纤维直径较细，比表面积大，力学性能优异。聚乙烯醇（PVA）作为一种半结晶的亲水性化合物，分子中含有大量的羟基，具有良好的化学稳定性、可降解性和生物相容性。PVA 和 PA6 是两种相容性较好的高聚物，而且 PVA 上的—OH 和 PA6 上的 C═O 易形成氢键，研究将 PVA 与 PA6 进行复合静电纺丝，制备的复合纳米纤维能够改善 PVA 纤维膜耐水性差与易溶胀等缺陷。

首先，将 0.4g 聚酰胺（PA6）和 1.2g 聚乙烯醇（PVA）溶解于 8.4g 甲酸溶液中，在室温下不停搅拌直至溶液呈透明状，即制备完成 PVA/PA6 混合纺丝液。然后取适量的 TiO$_2$ 颗粒（分别占 PVA/PA6 质量和的 1%、2%、3%、4% 和 5%）加到上述溶液中，获得不同 TiO$_2$ 含量的 PVA/PA6/TiO$_2$ 混合纺丝液。在（25±1）℃温度下进行磁力搅拌辅以超声波处理后，将纺丝液移至 10mL 注射器内开始纺丝 12h，流速为 0.2mL/h，并以贴有铝箔的滚筒作为接收装置收集纳米纤维膜，接收距离为 15cm。纺丝一段时间后，制得 PVA/PA6 纤维膜和 PVA/PA6/TiO$_2$ 复合膜（其中 TiO$_2$ 含量分别占 PVA/PA6 质量的 1% ~ 5%）。

图 4-5 中（a）~图 4-5（e）分别为不同 TiO$_2$ 含量的 PVA/PA6/TiO$_2$ 复合纳米纤维膜（其中 TiO$_2$ 含量分别占 PVA/PA6 质量的 1%、2%、3%、4% 和 5%）的扫描电镜图。从扫描电镜图可以看出，通过调节适宜纺丝参数，可以制备纤维直径小（150 ~ 250nm）、形态良好的复合纳米纤维。此外，添加微量 TiO$_2$ 对 PVA/PA6 的可纺性以及纤维直径大小并无太多影响，PVA/PA6/TiO$_2$ 纤维形态良好，无明显串珠和粘连现象。随着 TiO$_2$ 含量的增加，部分

TiO$_2$ 颗粒裸露在纤维表面或在纤维间聚集。同时在纺丝过程中发现，当 TiO$_2$ 含量达到 PVA/PA6 质量的 6% 时，纺丝液在喷丝口处发生堵塞，无法顺利成丝，TiO$_2$ 颗粒在纺丝液中出现大量沉淀。

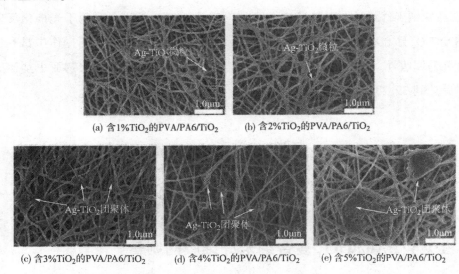

(a) 含1%TiO$_2$的PVA/PA6/TiO$_2$　　　(b) 含2%TiO$_2$的PVA/PA6/TiO$_2$

(c) 含3%TiO$_2$的PVA/PA6/TiO$_2$　　(d) 含4%TiO$_2$的PVA/PA6/TiO$_2$　　(e) 含5%TiO$_2$的PVA/PA6/TiO$_2$

图 4-5　不同 TiO$_2$ 含量的 PVA/PA6/TiO$_2$ 复合纳米纤维膜的扫描电镜图

为了进一步观察 TiO$_2$ 颗粒在纤维中的分布状态，利用透射电镜对 PVA/PA6 与 TiO$_2$ 含量占 PVA/PA6 质量 3% 的 PVA/PA6/TiO$_2$ 复合纳米纤维进行表征。通过图 4-6(a) 与 (b) 比较，可以发现通过静电纺丝 TiO$_2$ 成功负载在 PVA/PA6 纤维上，且 TiO$_2$ 分布在纤维膜内部和表面。

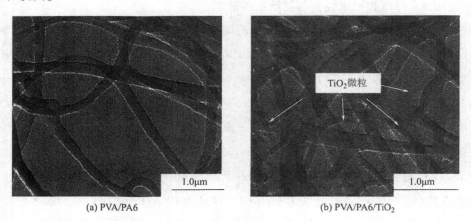

(a) PVA/PA6　　　　　　　　　　(b) PVA/PA6/TiO$_2$

图 4-6　PVA/PA6 和 PVA/PA6/TiO$_2$ 复合纳米纤维膜的透射电镜图

根据能谱测试要求，对 PVA/PA6 和 PVA/PA6/TiO$_2$ 复合纳米纤维膜(TiO$_2$ 含量占 PVA/PA6 质量的 3%)分别进行元素分析，测试结果如图 4-7 所示。制备的 PVA/PA6 复合纳米纤维含有 C、N 和 O 元素；PVA/PA6/TiO$_2$ 复合纳米纤维中除 C、N、O 3 种基本元素外，还含有 Ti 元素。说明制备的 PVA/PA6/TiO$_2$ 复合纳米纤维成功负载上 TiO$_2$ 颗粒。

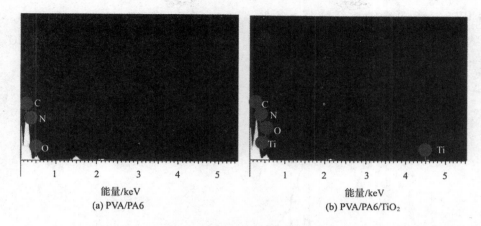

图 4-7　PVA/PA6 和 PVA/PA6/TiO$_2$ 复合纳米纤维膜的能谱图

图 4-8 为 PVA/PA6 和 PVA/PA6/TiO$_2$ 复合纳米纤维膜（TiO$_2$ 含量占 PVA/PA6 质量的 3%）的热重（TG）曲线。由图 4-8 可知，复合纳米纤维的热降解主要分为 3 个阶段：

①从室温到 250℃ 的过程中，复合纳米纤维膜表面吸收的水分子消失；

②在 250~320℃ 范围内样品质量逐渐减少，是由于聚乙烯醇分子链上的氢键和酯基首先发生脱落，形成水和醋酸等小分子物质，在高温下产生分解转变为气相；

③320~600℃ 范围内样品质量急剧减少，聚酰胺分子链和聚乙烯醇主链发生断裂并逐步分解完全。

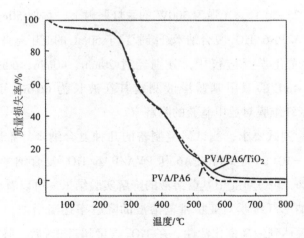

图 4-8　PVA/PA6 和 PVA/PA6/TiO$_2$ 复合纳米纤维膜的热重曲线

图 4-9 为 PVA/PA6 和 PVA/PA6/TiO$_2$ 复合纳米纤维膜（TiO$_2$ 含量占 PVA/PA6 质量的

3%)的 X 射线衍射(XRD)曲线。通过两条曲线对比可以得出，在 19.6°和 21.5°均有较强的衍射峰出现，分别为 PVA 和 PA6 的特征峰。说明本实验成功将 PVA 和 PA6 进行复合纺丝获得 PVA/PA6 复合纳米纤维膜。此外，TiO_2 的特征峰(27.4°、36.02°和 41.3°)在 PVA/PA6/TiO_2 复合纳米纤维膜的 X 射线衍射曲线也有出现，表明在纺丝过程中 TiO_2 的晶型不发生转变，仍为锐钛矿型。

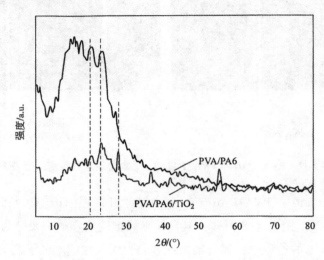

图 4-9　PVA/PA6 和 PVN/PA6/TiO_2 复合纳米纤维膜的 X 射线衍射谱图

4.3.2　PVA/PA6/TiO_2 复合纳米纤维膜的光催化降解性能

在环境温度为(25±1)℃，光强为 300W 的汞灯照射下，称取 50mg PVA/PA6，与不同 TiO_2 质量分数的 PVA/PA6/TiO_2 复合纳米纤维膜置于 50mL 的亚甲基蓝(初始浓度为 5mg/L)溶液中，然后放入光化学反应仪中，分别经过 20min、40min、60min、80min、100min、120min 的反应，取 4mL 的亚甲基蓝溶液测定其在波长为 664nm 下的吸光度。根据式(4-1)计算复合纳米纤维膜对亚甲基蓝的降解率。

根据光催化实验测试要求，测试研究制备的几种复合纳米纤维膜的光催化性能，如图 4-10 所示。图 4-10(a)是 PVA/PA6 和 PVA/PA6/TiO_2 复合纳米纤维膜(TiO_2 含量占 PVA/PA6 质量的 1%~5%)对亚甲基蓝溶液的降解实验结果。可以看出，随着 TiO_2 含量的增加，制备的复合纳米纤维膜对亚甲基蓝溶液的降解率逐渐增加，当 TiO_2 含量达到 3%时，复合纳米纤维膜达到最高催化活性。在 TiO_2 含量超过 3%后，降解率基本稳定，复合纳米纤维膜对亚甲基蓝溶液的催化活性达到平衡状态。同时，结合扫描电镜和透射电镜表征结果，可以认为本研究制备的 PVA/PA6/TiO_2 复合纳米纤维膜的 TiO_2 最佳含量为 PVA/PA6 质量的 3%。

　　图 4-10(b)中曲线分别为 PVA/PA6 和 PVA/PA6/TiO$_2$ 复合纳米纤维膜(TiO$_2$ 含量占 PVA/PA6 质量的 3%)降解过程中亚甲基蓝溶液的吸光度变化过程。随着反应时间的延长，亚甲基蓝溶液的吸光度逐渐降低，当反应时间达 120min 时，含有 PVA/PA6 复合纳米纤维膜的亚甲基蓝溶液颜色基本不变，但由于纳米纤维自身特性以及纤维中 PVA 组分的存在，复合纳米纤维膜表面含有羟基官能团，PVA/PA6 复合纳米纤维膜能够吸附部分亚甲基蓝到纤维膜内部，随着反应时间的增加，亚甲基蓝溶液的吸光度也随之降低，最终降解率为 26.7%；而含有 PVA/PA6/TiO$_2$ 复合纳米纤维膜的溶液颜色接近透明，由于羟基和 TiO$_2$ 表面活性位点的吸附作用，亚甲基蓝分子被移动到纤维内部 TiO$_2$ 微粒周围，在紫外光照射下 TiO$_2$ 受到激发从而产生光生空穴和光生电子发生氧化降解反应，将亚甲基蓝分子转变为 H$_2$O、CO$_2$ 等小分子物质，导致亚甲基蓝溶液吸光度大幅下降，降解率达到 92.8%。结果说明，研究制备的 PVA/PA6/TiO$_2$ 复合纳米纤维膜表现出明显的光催化性能。

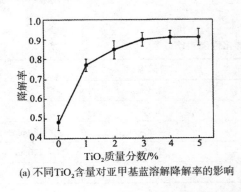

(a) 不同TiO$_2$含量对亚甲基蓝溶解降解率的影响

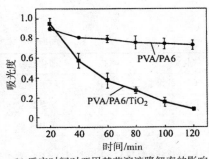

(b) 反应时间对亚甲基蓝溶液降解率的影响

图 4-10　不同复合纳米纤维膜的光催化性能

　　活性红 X-3B 的降解条件与亚甲基蓝的降解条件相同。在 50mL 活性红 X-3B 溶液(50mg/L)中分别加入 50mg PVA/PA6/TiO$_2$ 复合纳米纤维膜和 PVA/PA6 复合纳米纤维膜(TiO$_2$ 含量占 PVA/PA6 质量的 3%)，用 300W 汞灯照射活性红 X-3B 溶液。0~120min 内，每隔 20min 量取 4mL 反应溶液，用紫外—可见分光光度计在 538nm 处测定溶液的吸光度值。实验结果如图 4-11 所示。

　　根据图 4-11 可知，随反应时间的延长，PVA/PA6/TiO$_2$ 复合纳米纤维膜(TiO$_2$ 含量占 PVA/PA6 质量的 3%)对活性红 X-3B 的降解率逐渐增加。当反应时间达 120min 时，PVA/PA6/TiO$_2$ 复合纳米纤维膜(TiO$_2$ 含量占 PVA/PA6 质量的 3%)对活性红 X-3B 的降解率为 87.50%，而 PVA/PA6 复合纳米纤维膜的降解率仅为 24.7%。结果表明，制备的复合纳米纤维膜对活性红 X-3B 具有良好的催化降解能力。

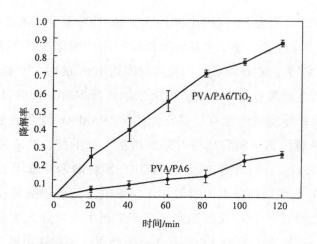

图 4-11　不同复合纳米纤维膜降解活性红 X-3B 曲线

制的 PVA/PA6/TiO$_2$ 复合纳米纤维膜与其他催化剂负载材料的光催化性能对比见表 4-1。

表 4-1　光催化性能对比

催化剂	催化底物	降解率	时间
PTFE/TiO$_2$ 纤维膜	亚甲基蓝	82.5%	5h
石墨烯/TiO$_2$ 光催化剂	亚甲基蓝	63.0%	5h
TiO$_2$ 负载聚酯织物	亚甲基蓝	94.8%	150min
PVA/PA6/TiO$_2$ 复合纳米纤维膜	活性红 X-3B、亚甲基蓝	92.8%	120min
		87.5%	120min

选取 TiO$_2$ 含量占 PVA/PA6 质量 3% 的 PVA/PA6/TiO$_2$ 复合纳米纤维膜作为重复使用实验的研究对象，按照光催化实验步骤，重复使用该纤维膜 4 次。由图 4-12 可知，纤维膜重复使用 4 次后，复合纳米纤维膜对两种染料的降解能力逐渐下降，催化剂活性有所减弱，但是其对亚甲基蓝和活性红 X-3B 的降解效率分别保持在 85% 和 65% 以上。说明实验制备的纤维膜能够多次进行光催化降解反应，具有良好的光催化重复使用性能。降解率下降可能是随着反应次数增加，纳米纤维发生溶胀导致纤维间孔隙变小，使得溶液中的染料分子无法扩散至 TiO$_2$ 表面，同时部分染料分子没有在清洗过程中发生脱落，占据 TiO$_2$ 表面的部分活性位点，导致复合纳米纤维膜的催化活性降低，对于染料的降解能力减弱。

利用静电纺丝技术制备 PVA/PA6/TiO$_2$ 复合纳米纤维膜，将 TiO$_2$ 成功负载在纳米纤维上，有效避免 TiO$_2$ 颗粒在使用过程中发生团聚、难以二次回收等缺点。同时研究发现，通过调节适宜纺丝参数，可以制备纤维直径小（150~250nm）、形态均匀的 PVA/PA6/TiO$_2$ 复合纳米纤维膜。添加微量 TiO$_2$ 颗粒进行纺丝对制备的纳米纤维形态无明显影响，TiO$_2$

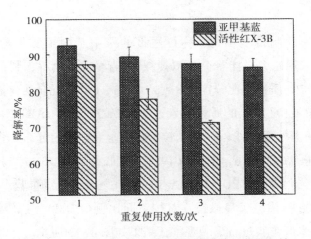

图 4-12　PVA/PA6/TiO$_2$ 纳米纤维膜的重复使用性

颗粒均匀分布在纤维中；通过 X 射线衍射和热重分析可知，利用静电纺丝负载 TiO$_2$ 不会发生晶型的转变，微量 TiO$_2$ 的加入不影响 PVA/PA6 复合纳米纤维膜的热性能；复合纳米纤维膜中 TiO$_2$ 的最佳负载量为 PVA/PA6 质量的 3%。使用 50mg PVA/PA6/TiO$_2$ 复合纳米纤维膜分别对 50mL 亚甲基蓝和活性红 X-3B 溶液进行降解反应，降解率分别为 92.8% 和 87.5%，复合纳米纤维膜具备优异的光催化性能；在重复使用 4 次后，复合纳米纤维膜依然保持较高的催化降解能力，说明本研究制备的复合纳米纤维膜具备良好的重复使用性能。

4.4　PMMA/PU/ZnO 复合纳米纤维膜

4.4.1　PMMA/PU/ZnO 复合纳米纤维膜的制备

聚甲基丙烯酸甲酯(PMMA)是一种多功能玻璃态生物相容性良好的聚合物，对可见光具有优异的透过性、良好的加工能力，通过静电纺丝制备的 PMMA 纳米纤维膜耐磨性、力学性能和亲水性能较差，很难单独应用于污水处理等领域。聚氨酯(PU)具有与染料的亲和性好、挠曲性好等优点，常被用于增强静电纺丝中纳米纤维膜的拉伸强度、弹性等力学性能。等离子体处理是通过电场的加速，使获得能量的分子被激发或者发生电离形成活性基团，同时空气中的水分和氧气在高能电子的作用下也可产生大量的新生态氢、羟基等活性基团，以此改变高分子材料的结构，达到对材料表面进行亲水性改性或纤维表面清洁的方法。

　　复合纳米纤维膜的制备步骤为：称量适量的聚甲基丙烯酸甲酯和聚氨酯(PMMA、PU)溶于 DMF 中，采用磁力搅拌器于 30℃搅拌 2h 直至完全溶解，制备质量分数为 30% 的 PMMA/PU(PMMA：PU 质量配比分别为 8：2、7：3、6：4)混合纺丝液。称取一定质量的 ZnO 分散于静电纺丝液中(ZnO 的质量分别占 PMMA/PU 总质量的 2%、4%、6%、8%)，采用磁力搅拌器及超声处理促进 ZnO 纳米粒子在纺丝液中均匀分布。将纺丝液移至注射器内，调节纺丝液流速为 0.3mL/h，电压为 19kV，接收距离为 15cm，于室温下进行静电纺丝，经干燥后分别得到 PMMA/PU、PMMA/PU/ZnO 复合纳米纤维膜。

　　采用日立 S-4800 扫描电子显微镜，对按不同比例(PMMA：PU 配比为 6：4、7：3、8：2)混纺的复合纳米纤维膜进行形貌观察，结果如图 4-13 所示。

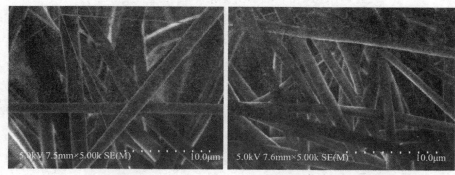

(a) PMMA：PU配比为6：4　　　　　(b) PMMA：PU配比为7：3

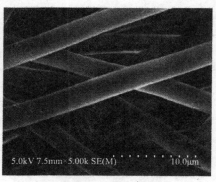

(c) PMMA：PU配比为8：2

图 4-13　不同配比时 PMMA/PU 复合纳米纤维膜的扫描电镜图

　　由图 4-13 可以看出，静电纺制备的 PMMA/PU/ZnO 复合纳米纤维膜形态良好，当 PMMA 的质量配比较小时，纤维的直径均匀程度较低；随着 PMMA 的配比逐渐增加，复合纳米纤维膜直径分布较为均匀，但纤维直径逐渐增大。当 PMMA 与 PU 配比为 7：3 时，纤维具有良好的均匀性和较小的纤维直径。

采用日立 S-4800 扫描电子显微镜，对添加不同质量分数的 ZnO 的 PMMA/PU（PMMA：PU 配比为 7：3）复合纳米纤维膜进行形貌观察，结果如图 4-14 所示。由图 4-14 可知，添加适量的 ZnO 粉体对复合纳米纤维膜形态无明显影响，随着 ZnO 占比的增加，复合纳米纤维膜上 ZnO 含量越多；当 ZnO 质量分数增加到 8% 时，ZnO 的团聚现象较为严重；当 ZnO 质量分数增加到 10% 时，ZnO 大量团聚，难以形成均匀的静电纺丝溶液，无法进行静电纺丝。

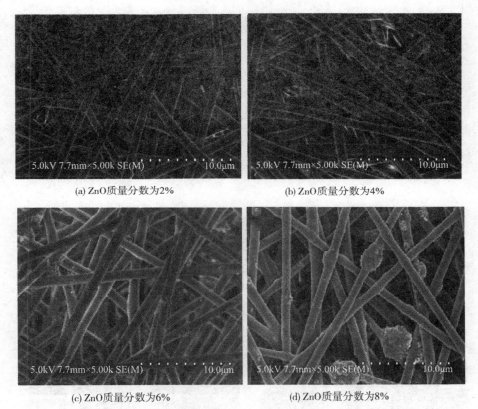

(a) ZnO质量分数为2%　　　　　(b) ZnO质量分数为4%

(c) ZnO质量分数为6%　　　　　(d) ZnO质量分数为8%

图 4-14　不同 ZnO 含量时 PMMA/PU/ZnO 复合纳米纤维膜的扫描电镜图

采用日立 S-4800 型扫描电子能谱仪对 PMMA/PU 复合纳米纤维膜和 PMMA/PU/ZnO 复合纳米纤维膜进行能谱分析，结果如图 4-15 所示。PMMA/PU 复合纳米纤维膜主要含有 C、O 元素，PMMA/PU/ZnO 复合纳米纤维膜存在 C、O、Zn 三种元素，结果表明，ZnO 成功地负载在复合纳米纤维膜上。

利用 SDC-100S 接触角测定仪测量等离子处理前后 PMMA/PU/ZnO 复合纳米纤维膜的亲水性能，结果如图 4-16 所示。由图 4-16 分析可知，未经等离子仪处理的复合纳米纤维膜接触角为 127.0°，表现为疏水性能。等离子处理功率为 5W 和 10W 时，复合纳米纤维膜的静态接触角分别为 103.7° 和 10.2°。复合纳米纤维膜的静态接触角的变化表明，随着

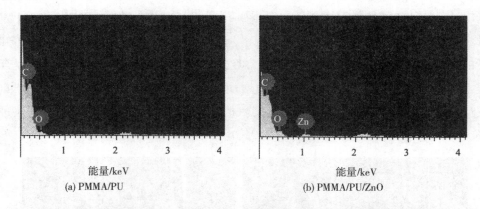

(a) PMMA/PU

(b) PMMA/PU/ZnO

图 4-15　PMMA/PU 和 PMMA/PU/ZnO 复合纳米纤维膜的能谱图

处理功率的增加，复合纳米纤维膜由疏水性向亲水性转变。当处理功率为 15W 时，液滴下降后能迅速地渗入复合纳米纤维膜，其静态接触角接近 0，表明经等离子处理后复合纳米纤维膜具备良好的亲水性能。

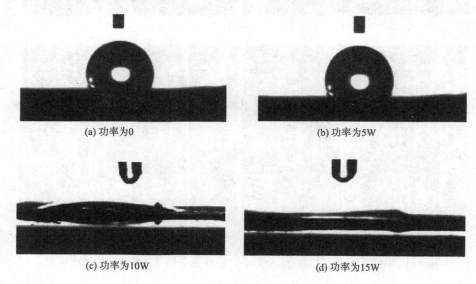

(a) 功率为0

(b) 功率为5W

(c) 功率为10W

(d) 功率为15W

图 4-16　等离子处理前后复合纳米纤维膜静态接触角

利用 YG020 型电子单纱强力机对复合纳米纤维膜、等离子处理后复合纳米纤维膜（处理时间为 1min，功率为 15W）的断裂强度及伸长率进行测试，结果见表 4-2。由表 4-2 可知，PMMA 纳米纤维膜的伸长率仅为 17.83%，通过与 PU 的混合纺丝，其伸长率增加至81.42%，弹性变形能力得到增加。通过等离子处理 PMMA/PU 复合纳米纤维膜后，其断裂强度与伸长率下降程度较小，原因是等离子处理与使用强氧化性化学试剂处理改善材料亲水性能的方式不同，只存在对纤维表面进行较弱的刻蚀，因此对复合纳米纤维膜损伤较小，充分地体现出等离子处理的优势。

表 4-2　PMMA/PU 等离子处理前后复合纳米纤维膜力学性能测试数据

样品	断裂强度/(cN · mm^{-2})	伸长率/%
PMMA/PU 复合纳米纤维膜	36. 115	81. 42
PMMA/PU 等离子处理后 复合纳米纤维膜	34. 655	61. 85
PMMA 纳米纤维膜	46. 260	17. 83

4. 4. 2　PMMA/PU/ZnO 复合纳米纤维膜的光催化降解性能

称取 40mg PMMA/PU 和 PMMA/PU/ZnO 复合纳米纤维膜，放于 50mL 浓度分别为 5mg/L 亚甲基蓝溶液、50mg/L 活性红溶液和 10mg/L 罗丹明 B 溶液中，于 XPA 光化学反应仪中进行光催化实验。首先对复合纳米纤维膜进行避光吸附，然后在 300W 汞灯照射下，每隔 30min 取空白对照组和试验组，利用 UV-5500 型紫外，可见分光光度计测定溶液的吸光度。反应底物的降解率 D 计算见式(4-1)。

取 40mg 复合纳米纤维膜、等离子处理后复合纳米纤维膜(处理时间为 1min，功率为 15W)在 50mL 的亚甲基蓝、活性红和罗丹明 B 溶液中进行吸附实验，每隔 30min 移取少量反应溶液进行吸光度测试，直到吸光度保持不变，每组测试重复 3 次，得出吸附率，实验结果如图 4-17 所示。

由图 4-17 可知，PMMA/PU/ZnO 复合纳米纤维膜经过等离子处理后，对 3 种染料溶液的吸附性能均有一定的提升。原因可能是经过等离子处理后复合纳米纤维膜上含有大量亲水基团，能够增加对染料分子的吸附能力，使其与纤维膜上的 ZnO 颗粒进行充分接触，有助于后续光催化反应的进行，当吸附一定时间后，其对 3 种染料的吸附不再增加，因此表现为吸附性能而不是降解性能，对后续光催化降解染料性能不会产生影响。

取 40mg 等离子处理后复合纳米纤维膜(处理时间为 1min，功率为 15W)于 50mL 的亚甲基蓝、活性红 X-3B 和罗丹明 B 溶液中，达到吸附平衡后，在 300W 汞灯下进行光催化实验，并通过式(4-1)计算出其降解率，结果如图 4-18 所示。由图 4-18 分析可得，随着 ZnO 质量分数的增加，PMMA/PU/ZnO 复合纳米纤维膜对 3 种染料溶液的降解率不断增加。当反应时间达到 120min，ZnO 质量分数分别为 6% 和 8% 时，其对亚甲基蓝和罗丹明 B 的降解率趋于平稳，降解率分别达到 85% 和 54%；随着 ZnO 添加量的继续增加，无明显的上升趋势。当 ZnO 质量分数达到 8% 时，其对活性红的降解率为 59%，且未趋向平稳。这是由于 ZnO 质量分数增加，静电纺丝难度增加和纤维膜性能恶化，因此无法探究更高 ZnO 质量分数的复合纳米纤维膜对活性红的降解性能。

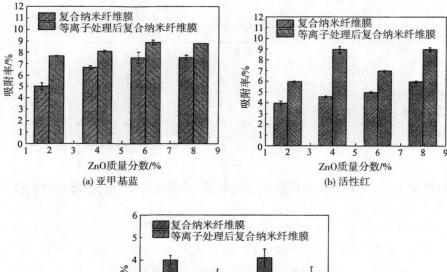

图 4-17　等离子处理前后复合纳米纤维膜对不同染料的吸附性能

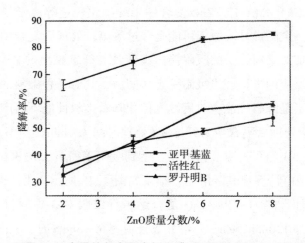

图 4-18　不同 ZnO 含量的复合纳米纤维膜对不同染料的光催化降解率

将 40mg 等离子处理后的 PMMA/PU/ZnO 复合纳米纤维膜重复使用 3 次，并计算出每次的降解率，结果如图 4-19 所示。

由图 4-19 可知，PMMA/PU/ZnO 复合纳米纤维膜重复使用 3 次后，对亚甲基蓝、活性红和罗丹明 B 仍具备良好的催化性能，仍能达到初次对染料降解效果的 82.3%、83.3% 和 79.7%。主要是因为复合纳米纤维膜在重复使用过程中不会发生纤维的溶胀甚至溶解作用，只存在少量的 ZnO 从复合纳米纤维膜中脱落，使其能够保持良好的降解性能。

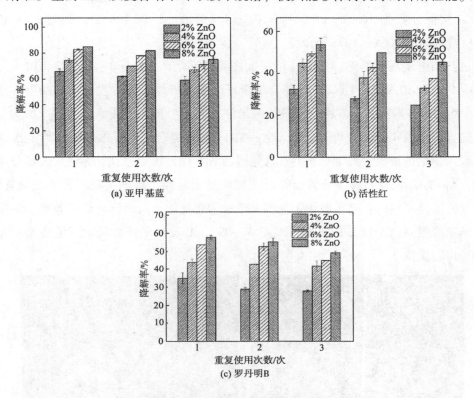

图 4-19　复合纳米纤维膜的重复使用性能

　　利用静电纺丝技术成功制备了形态较好，纤维直径均匀的 PMMA/PU/ZnO 复合纳米纤维膜，经等离子处理后，对复合纳米纤维膜进行光催化测试发现：ZnO 质量分数为 8% 的复合纳米纤维膜，2h 内对亚甲基蓝、活性红和罗丹明 B 的降解率可达到 85%、54% 和 59%，这表明复合纳米纤维膜具备良好的光催化性能及重复使用性能。

4.5　PLA/Ag-TiO$_2$ 复合纳米纤维膜

4.5.1　PLA/Ag-TiO$_2$ 复合纳米纤维膜的制备

　　利用 PLA 能溶于二氯甲烷(CH$_2$Cl$_2$)而难溶于 DMF 这一性质，首先将 PLA 颗粒加入

CH_2Cl_2 中溶解，然后添加一定比例的 DMF 搅拌获得均匀的纺丝液。然后在 PLA 纺丝液中分别加入不同质量的 Ag-TiO_2，其占溶质的质量分数分别为 0、1%、2%、3%，在室温条件下继续匀速搅拌 7h 后，置于超声波处理器中超声处理 30min，最终获得 Ag-TiO_2 分散均匀的 PLA 质量分数为 10% 的 PLA/Ag-TiO_2 纺丝溶液。纺丝 12h 后，制得 PLA 和不同 Ag-TiO_2 含量的 PLA/Ag-TiO_2 复合膜。

通过扫描电镜观察纤维膜形态，结果如图 4-20 所示。由图 4-20 可知，PLA、PLA/Ag-TiO_2(1%) 和 PLA/Ag-TiO_2(2%) 复合纳米纤维膜的纤维形态并没有明显的差异。因为 Ag-TiO_2 均匀地分散在纺丝液中，制备的纳米纤维膜成形良好，纤维粗细较为均匀，因此无明显差异。由图 4-20(d) 可知，PLA/Ag-TiO_2(3%) 复合纳米纤维膜的纤维上出现明显串珠和大面积粘连现象，纤维形态差。这是因为 Ag-TiO_2 含量过高，无法均匀地分布在纺丝液中，Ag-TiO_2 颗粒随着溶液流出并沉积在喷丝头前端，溶剂不断挥发从而堵塞管口，导致纺丝液流动不畅，在高压电场下液滴无法被彻底拉伸，从而影响纺丝效果，不能形成均匀的纳米纤维。由上述分析可知，PLA/Ag-TiO_2(2%) 纳米纤维膜中纤维成型稳定、粗细均匀、形态优良。

(a) PLA纳米纤维　　　　　　　　　　(b) PLA/Ag-TiO_2(1%)纳米纤维

(c) PLA/Ag-TiO_2(2%)纳米纤维　　　　(d) PLA/Ag-TiO_2(3%)纳米纤维

图 4-20　PLA 和 PLA/Ag-TiO_2 复合纳米纤维膜的扫描电镜图

对照组和试验组过滤性能测试结果见表 4-3。由表 4-3 可知，在温度、相对湿度、流量等条件相同的情况下，测试所使用的纺粘非织造材料过滤效率为 30%~40%，而加有 PLA/Ag-TiO$_2$ 复合纳米纤维膜的纺粘非织造材料的过滤效率最高可达 95.70%。由此说明，通过静电纺丝技术制备的 PLA/Ag-TiO$_2$ 复合纳米纤维膜具备更高效的过滤性能。因为纳米纤维直径小、孔隙率较高，能较好地发挥小尺寸效应和孔隙效应，因此，气溶胶粒子在经过试样时，被纳米纤维膜大量截留，导致过滤效率大幅提高。

表 4-3　过滤性能测试结果

测试次数	过滤效率/%		穿透率/%	
	对照组	测试组	对照组	测试组
1	38.763	83.238	61.237	16.762
2	38.233	92.823	61.767	7.177
3	34.519	94.066	65.481	5.934
4	35.191	94.486	64.809	5.514
5	37.426	95.696	62.574	4.304

注　穿透率=100%-过滤效率

4.5.2　PLA/Ag-TiO$_2$ 复合纳米纤维膜的光催化降解性能

取质量为 50mg 的纳米纤维膜放于 50mL 的亚甲基蓝溶液中，在功率为 300W 的汞灯照射下，分别经过 5min、15min、30min、50min、80min 后，取一定量的亚甲基蓝溶液，测试其在 664nm 波长处的吸光度值。

在亚甲基蓝溶液中放置不同 Ag-TiO$_2$ 含量的纳米纤维膜，在 300W 汞灯照射下，溶液在 664nm 处吸光度随时间变化情况如图 4-21 所示。由图 4-21 可知，在相同的外界条件下，随着反应时间的延长，亚甲基蓝溶液的吸光度逐渐降低。结合式(4-1)计算可知，当反应时间达到 80min，加有 PLA、PLA/Ag-TiO$_2$(1%)、PLA/Ag-TiO$_2$(2%)以及 PLA/Ag-TiO$_2$(3%)的复合纳米纤维膜的亚甲基蓝溶液中的亚甲基蓝降解率分别达到 31.6%、44.0%、53.5% 及 44.6%。

随着反应时间的延长，加有 PLA 纳米纤维膜的亚甲基蓝溶液的吸光度略有下降。因为通过静电纺丝制备的 PLA 纳米纤维的直径小、比表面积大。同时，其表面含有大量的羟基和羧基，对亚甲基蓝具有一定的吸附作用，使溶液的吸光度有所下降。

随着反应时间的延长，加有 PLA/Ag-TiO$_2$ 复合纳米纤维膜的亚甲基蓝溶液的吸光度大幅降低。其原因是在汞灯照射条件下，Ag-TiO$_2$ 使亚甲基蓝分子发生氧化降解反应，造成溶液的吸光度迅速下降。其中，加有 PLA/Ag-TiO$_2$(2%)复合纳米纤维膜的亚甲基蓝溶液在反应过程中，亚甲基蓝的降解效果最好。其良好的纤维形态结构及较高的

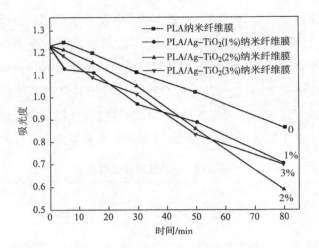

图 4-21　不同 Ag-TiO$_2$ 含量的复合纳米纤维膜光催化降解亚甲基蓝曲线

Ag-TiO$_2$ 含量，有利于光催化反应的发生。而当 Ag-TiO$_2$ 含量增加时，复合纳米纤维膜对亚甲基蓝的降解能力又趋于减弱。由于纳米纤维上出现粘连和串珠现象，难以维持良好的纤维形态，影响纳米纤维的孔隙效应及小尺寸效应的发挥，从而减弱对亚甲基蓝的光催化降解效果。

由上述结果及分析可以看出，PLA/Ag-TiO$_2$（2%）复合纳米纤维膜对质量浓度为 5mg/L 的亚甲基蓝溶液的光催化降解效果最佳。

将 PLA/Ag-TiO$_2$（2%）复合纳米纤维膜重复使用 5 次，计算每次的降解率，结果见表 4-4。

表 4-4　纳米纤维膜使用次数对催化效率的影响

使用次数	1	2	3	4	5
降解率/%	53.00	60.04	53.70	61.10	57.50

由表 4-4 可知，PLA/Ag-TiO$_2$（2%）复合纳米纤维膜重复使用 5 次，对亚甲基蓝降解率都达到 50% 以上，均具有较好的催化降解率。因为 PLA/Ag-TiO$_2$ 复合纳米纤维膜亲水性差，在反应过程中纤维膜不会溶解且没有发生破裂，从而易于回收。同时，Ag-TiO$_2$ 不是简单地吸附在 PLA 纤维上，两者相互之间结合紧密，所形成的结构十分稳定。在重复使用的过程中，不会产生 Ag-TiO$_2$ 大量脱落的现象，从而不会显著影响对亚甲基蓝的催化降解。

利用静电纺丝技术制备 PLA/Ag-TiO$_2$ 复合纳米纤维膜，并研究复合纳米纤维膜的微观形态和对亚甲基蓝的光催化降解能力，同时测定其重复使用性能及过滤性能，主要得到如下结论：当 Ag-TiO$_2$ 占 PLA 质量分数为 2%（总质量分数为 10% 的纺丝液）时，制备的复合纳米纤维膜的纤维形态较好，纤维直径更加均匀；PLA/Ag-TiO$_2$（2%）复合纳米纤维膜对一定浓度的亚甲基蓝光催化效果较好；复合纳米纤维膜在重复使用 5 次过程后仍保持较高的亚甲基蓝降解率，达到50%以上，而且复合纳米纤维膜的形态保持完整，可以重复使用。

4.6 TiO$_2$/PNBC 复合纳米纤维膜

4.6.1 TiO$_2$/PNBC 复合纳米纤维膜的制备

通过抽滤的方式将 TiO$_2$ 纳米颗粒负载到丙纶熔喷非织造布上，并将负载 TiO$_2$ 的非织造布放入装有培养液的试样瓶中，生物培养制备细菌纤维素纳米纤维膜，最终得到 TiO$_2$/丙纶熔喷非织造布/细菌纤维素复合膜(TiO$_2$/PNBC 复合膜)，其制备过程如图 4-22 所示。

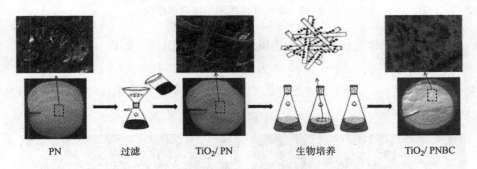

PN   过滤   TiO$_2$/PN   生物培养   TiO$_2$/PNBC

图 4-22　TiO$_2$/丙纶熔喷非织造布/细菌纤维素复合膜制备示意图

通过扫描电镜观察所制备样品的形态，发现细菌纤维素(BC)，丙纶熔喷非织造布(PN)，负载 TiO$_2$ 的丙纶熔喷非织造布(TiO$_2$/PN)，丙纶熔喷非织造布/BC 复合膜(PNBC)和负载 TiO$_2$ 的丙纶非织造布/BC 复合膜(TiO$_2$/PNBC)样品的形貌不一。图 4-23(a)为 BC 的微观形态，可以看出 BC 内部呈现出三维网状结构，该结构是由大量小直径纤维(小于100nm)相互交织形成的。图 4-23(b)是具有光滑表面、不均匀直径、小尺寸和大孔的丙纶熔喷非织造布的扫描电镜图像。与图 4-23(b)相比，TiO$_2$/PN 的表面[图 4-23(c)]被大量的 TiO$_2$ 纳米颗粒包围，导致表面粗糙，并且一些纳米颗粒也分布在由交错丙纶形成的孔隙中。因此，通过抽滤将 TiO$_2$ 颗粒成功地负载到非织造布上。从图 4-23(d)所示的PNBC 复合膜的扫描电镜图像可以看出，BC 纤维填充在非织造布的孔隙内。值得注意的是，由于 BC 纤维的机械缠结和氢键作用，TiO$_2$[图 4-23(e)]可以自然地嵌入 BC 中，在培养液中菌体不断繁殖之后，有菌株附着在丙纶布上开始产出 BC，其微纤维围绕丙纶生长和以相互交织形态填充在非织造布的孔隙内。因此，PNBC 复合膜是通过纤维素氢键之间的相互作用和细菌纤维素对于丙纶布的包覆作用而形成的。

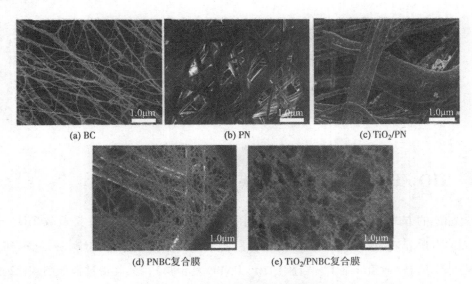

(a) BC　　　　　　　　(b) PN　　　　　　　　(c) TiO₂/PN

(d) PNBC复合膜　　　　　　　　(e) TiO₂/PNBC复合膜

图 4-23　不同纤维膜的扫描电镜图像

图 4-24 为 PNBC 和负载 TiO$_2$ 的 PNBC 复合膜的能谱图。如图 4-24(a)所示，PNBC 复合膜由 BC 和丙纶组成，其中 C 和 O 为主要元素。图 4-24(b)证实了在负载 TiO$_2$ 的 PNBC 复合膜上出现了 C、O 和 Ti 元素。该现象可以证明，大量 TiO$_2$ 纳米颗粒已经成功地负载在 PNBC 复合膜的表面上。

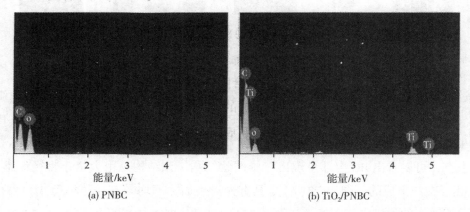

(a) PNBC　　　　　　　　(b) TiO₂/PNBC

图 4-24　PNBC 和 TiO$_2$/PNBC 复合膜的能谱图

图 4-25 是 BC、PN、TiO$_2$ 和 TiO$_2$/PNBC 的 X 射线衍射图。PN 的测试谱线如图 4-25 所示，其中 14.2°、16.7°、17.9°和 21.9°分别为晶面(110)、(040)、(130)和(111)的特征峰，表明 PN 的结晶结构属于典型的聚丙烯 α 晶体结构。由 BC 的 X 射线衍射曲线可知，制备的纯 BC 的晶型属于典型的纤维素 I 型。由 TiO$_2$ 的 X 射线衍射曲线可知，锐钛矿型 TiO$_2$ 的特征晶面(101)、(004)、(200)、(211)、(204)、(116)和(220)的相应衍射峰，其 2θ 值分别为 25.36°、37.82°、48.08°、54.98°、62.72°、70.2°和 74.9°。在 TiO$_2$/PNBC

复合膜的谱线中有 PN、BC 和 TiO₂ 特征峰的出现。

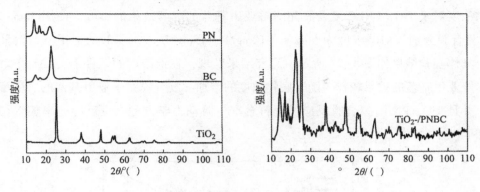

图 4-25 不同纤维膜的 XRD 谱图

4.6.2 TiO₂/PNBC 复合纳米纤维膜的光催化降解性能

图 4-26 为以不同使用量（10mg、20mg 和 30mg）的 TiO₂/PNBC 复合膜作为光催化剂，20mg 的 PNBC 复合膜作为对照组，在紫外光下催化降解 5mg/L 的亚甲基蓝溶液（50mL）的实验结果。由图 4-26 可知，使用质量为 20mg 的 PNBC 复合膜与亚甲基蓝溶液发生反应，在反应 120min 后 PNBC 复合膜对于反应溶液中亚甲基蓝的去除率仅为 12.2%，在整个反应过程中复合膜的吸附能力和亚甲基蓝的自降解作用起主导作用，说明 PNBC 复合膜具备吸附作用但没有光催化降解性能。然后，使用不同质量 TiO₂/PNBC 复合膜降解相同条件的亚甲基蓝溶液，其亚甲基蓝去除率均远高于 PNBC 复合膜，且随着复合膜用量的增加，降解效果越明显，说明整个反应过程中有亚甲基蓝分子被大量光催化降解，TiO₂/PNBC 复合膜有优异的光降解效果。基于制备工艺及催化污染物质量，研究选取 30mg 的 TiO₂/PNBC 复合膜作为后续光催化实验的光催化剂。

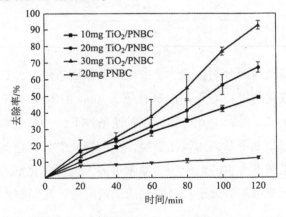

图 4-26 不同使用量的 TiO₂/PNBC 复合膜降解亚甲基蓝的降解效果

通过前文光催化实验可知，底物浓度会影响光催化剂的实际降解效果。因此，为了探究底物浓度对于 TiO_2/PNBC 复合膜光降解亚甲基蓝的降解效果的影响，使用 30mg TiO_2/PNBC 复合膜分别与初始浓度为 5mg/L、10mg/L、15mg/L、20mg/L 的亚甲基蓝溶液进行反应，具体实验结果如图 4-27 所示。研究结果发现，在低浓度的条件下，TiO_2/PNBC 复合膜降解亚甲基蓝的效果较佳，随着底物浓度的增加，复合膜对于亚甲基蓝的去除率不断下降。并且 TiO_2/PNBC 复合膜反应过程符合准一阶动力学方程，且反应速率随着初始浓度增加而减小(表 4-5)。

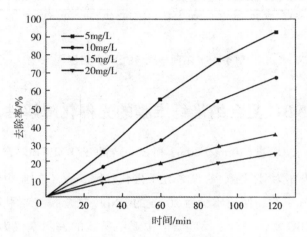

图 4-27　底物浓度对于光催化效果的影响

表 4-5　TiO_2/PNBC 复合膜光降解亚甲基蓝的准一级动力学参数

浓度/(mg·L⁻¹)	表观速率常数(K 值)	线性相关系数(R^2)
5	0.00788	0.998
10	0.00623	0.986
15	0.00453	0.981
20	0.00245	0.968

研究考察了亚甲基蓝溶液分别在酸性、中性以及碱性条件下，TiO_2/PNBC 复合膜催化降解亚甲基蓝的能力变化情况。在不同酸碱性下，30mg TiO_2/PNBC 复合膜催化降解亚甲基蓝的实验结果见表 4-6。由表 4-6 可知，在碱性条件下，TiO_2/PNBC 复合膜催化降解亚甲基蓝效果最好，原因是亚甲基蓝为碱性染料，在水溶液中其发色基团呈正电性，而在碱性条件下光催化剂受光激发产生的电子(e^-)数量增多，使得催化剂表面带负电荷，由于电荷吸引作用，将有利于亚甲基蓝分子被吸附到催化剂附近，光降解效果显著。

表 4-6　不同酸碱性下 TiO_2/PNBC 复合膜对于亚甲基蓝溶液的去除率

酸碱性	去除率/%
酸性	70.3
中性	64.9
碱性	89.5

为了验证 TiO_2/PNBC 复合膜的光催化降解能力的持久性，研究使用 30 mg 的复合膜进行多次循环亚甲基蓝降解实验。在每次循环实验开始前，将所使用的 TiO_2/PNBC 复合膜清洗干净，脱去复合膜表面残留的亚甲基蓝分子，然后经过冷冻干燥处理。再将其放入相同浓度的亚甲基蓝溶液中进行新的光催化降解实验，并利用式(4-1)计算每次循环实验中亚甲基蓝的去除率，具体数据如图 4-28 所示。经过多次循环实验后，降解效率虽然有所下降，但第 4 次使用复合膜的亚甲基蓝去除率依然有 87.5%，这说明 TiO_2/PNBC 复合膜光催化性能基本保持不变，具有较为稳定的重复使用能力。

研究采用抽滤浸渍法和生物培养法相结合的方法，实现非织造布与细菌纤维素的原位复合，进而制得负载 TiO_2 的丙纶非织造布/细菌纤维素复合膜，并将其用于光催化降解亚甲基蓝染料实验。实验结果如下，扫描电镜测试结果表明，非织造布纤维与细菌纤维素相互缠绕且结合紧密，而 TiO_2 颗粒被包覆在两种纤维之间。通过 X 射线衍射分析可知，包覆在复合膜内的 TiO_2 的晶型不变；还通过改变亚甲基蓝溶

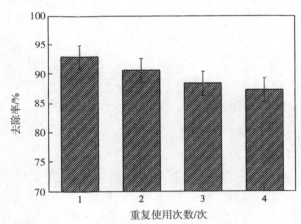

图 4-28　TiO_2/PNBC 复合膜的重复使用性能

液配制参数(亚甲基蓝溶液初始浓度和 pH)，研究 TiO_2/PNBC 复合膜的光催化性能。研究发现 TiO_2/PNBC 复合膜对于亚甲基蓝的降解效果受实验因素(初始浓度和 pH)影响。结果表明，随着亚甲基蓝溶液的初始浓度的增加，TiO_2/PNBC 复合膜的催化能力不断减小；在高 pH 的溶液环境下，TiO_2/PNBC 复合膜的降解效果最佳。此外，对 TiO_2/PNBC 复合膜的反应过程进行了动力学分析，表明降解亚甲基蓝的过程符合准一级动力学方程。

第 5 章

功能性纳米纤维膜在生物催化中的应用

5.1 引言

  酶作为生物催化剂，具有反应条件温和、催化效率高、对底物具有高度的选择性、活性可控等优点。但在自由状态的游离酶具有不稳定性，在高温、强酸、强碱及部分有机溶液中容易导致酶的构象变化，甚至是蛋白变性，使其催化活性降低甚至完全丧失。即使在反应最适条件下，也往往会很快失活。另外，自由酶混入反应体系中，使产品分离纯化变得更加复杂，酶也因此难以重复使用。固定化酶技术是基于某一载体将酶限制于一定区域内，进行其特有的催化反应。与游离酶相比，固定化酶不仅保持其高效、温和、专一等反应特性，还呈现稳定性高、可多次重复使用、操作连续及可控、分离回收容易等一系列优点，在纺织工程、生物工程、食品工业、医药与生命科学、环境科学等很多领域得到迅速发展。目前，设计适用的固定化方法，构建性能优异的酶固定载体是固定化酶技术的研究热点。

  过氧化氢酶是催化过氧化氢分解成氧和水的酶，广泛存在于哺乳动物的红细胞、肝脏，植物的叶绿体及部分微生物中，能保护细胞免受体内代谢物的破坏。大多数来源不一的过氧化氢酶由相对分子质量为 65~80kD 的亚基所组成，每个亚基含有一个血红素辅基作为活性位点，该辅基的形式为铁卟啉。漆酶是一种含铜的多酚氧化酶，是一种典型的氧化还原酶，它大量分布于自然环境中，主要分为真菌漆酶和漆树漆酶，漆酶具有优异的催化能力，不仅能催化氧化众多有毒的酚类化合物，而且能高效降解木质素，在纺织、环保、医药等方面具有良好的应用前景。

5.2　再生纤维素纳米纤维膜固定化过氧化氢酶

5.2.1　静电纺再生纤维素纳米纤维膜的制备

分别选取甲基丙烯酸羟乙酯(HEMA)、甲基丙烯酸二甲氨基乙酯(DMAEMA)以及丙烯酸(AA)作为接枝单体，采用 ATRP 改性技术制备了 4 种静电纺纳米纤维膜，即 RC、RC-poly(HEMA)、RC-poly(DMAEMA)和 RC-poly(AA)，如图 5-1 所示。其中采用质量分数为 0.1% 的二乙基氯化乙酯的 THF/DMSO 电纺得到 CA 纳米纤维膜；静电纺 CA 纳米纤维膜浸入 0.05 mol/L 氢氧化钠水溶液中水解得到 RC 纳米纤维膜；静电纺 RC 纳米纤维膜先后浸入 THF 及 2-BIB、TEA 和 THF 的混合物中进行预处理，然后分别用 3 种聚合物链进行表面接枝，分别得到 RC-poly(HEMA)、RC-poly(DMAEMA)和 RC-poly(AA)纳米纤维膜。过氧化氢酶分子在表面分别用 RC-poly(DMAEMA)、RC-poly(AA)和 RC-poly(HEMA)修饰的不同 RC 纳米纤维膜上的表面接枝及酶固定化，如图 5-1 所示。

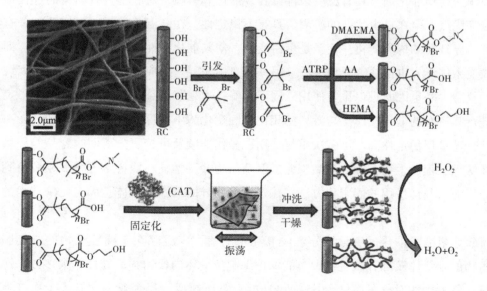

图 5-1　三种聚合物链的表面接枝及过氧化氢酶(CAT)固定化示意图

　　RC 纳米纤维膜由直径为 200~400nm 的纤维组成，如图 5-2(a) 所示，纳米纤维相对均匀，没有串珠状纳米纤维。通过 ATRP 方法进行表面修饰后，RC-poly(HEMA)、RC-poly(DMAEMA) 和 RC-poly(AA) 纳米纤维膜[图 5-2(b)~图 5-2(d)]无显著差异。这表明，在与 HEMA、DMAEMA 和 AA 发生 ATRP 反应后，纳米纤维膜的形态结构可以得到很好的保留。与 RC 纳米纤维相比，RC-poly(HEMA)、RC-poly(DMAEMA) 和 RC-poly(AA) 纳米纤维的直径分别增加了约 20%、20% 和 10%。

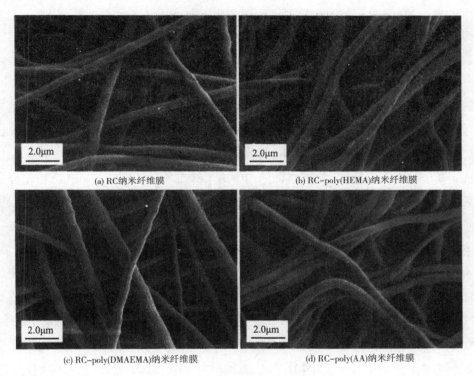

图 5-2　不同纳米纤维膜的形态结构

　　用傅里叶红外光谱仪研究 RC、RC-poly(HEMA)、RC-poly(DMAEMA) 和 RC-poly(AA) 纳米纤维膜之间的差异，如图 5-3 所示。RC 纳米纤维膜的红外光谱曲线在 3300cm^{-1} 和 3500cm^{-1} 左右存在 RC 的羟基特征峰。RC-poly(AA) 纳米纤维膜的红外光谱曲线在 1551cm^{-1} 和 1428cm^{-1} 的吸收峰是由于表面接枝聚(AA)链中羧酸离子的不对称振动和对称拉伸运动产生的。在 RC-poly(AA) 和 RC-poly(HEMA) 纳米纤维膜的红外光谱曲线中，1641cm^{-1}、1674cm^{-1} 处的拉伸振动峰表明 RC 膜与 AA 和 HEMA 表面接枝后分别存在酯基和羧基。RC-poly(DMAEMA) 在 1749cm^{-1} 处的特征峰可能归因于 DMAEMA 中羰基的拉伸运动，这表明 poly(DMAEMA)链在 RC 纳米纤维表面接枝成功。

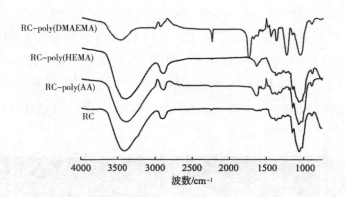

图 5-3 不同纳米纤维膜的红外光谱图

最初，过氧化氢酶的固定化量随着 ATRP 反应时间的增加而增加，达到最大值后逐渐降低。图 5-4 中，ATRP 对 RC-poly(HEMA)、RC-poly(DMAEMA)和 RC-poly(AA)的最佳反应时间分别为 40min、8h 和 22h，相应的固定化量分别为(78±3.5)mg/g、(67±2.7)mg/g 和(34±2.3)mg/g，与未修饰的 RC 纳米纤维膜[(28±1.8)mg/g]相比分别提高了 178%、139% 和 21%。HEMA 和 DMAEMA 均明显高于先前报道的 Zr(Ⅳ)改性胶原纤维(45.4mg/g)、多孔玻璃珠表面化 3-氨基丙基三甲氧基硅烷(6.9mg/g)、壳聚糖-g-聚(硝酸)-Fe(Ⅲ)膜(37.8mg/g)、聚(苯乙烯-D-乙基丙烯酸)-四乙基二乙基三胺微珠(40.8mg/g)、和聚丙烯腈乙二醇共聚物纳米纤维膜(46.5mg/g)。在 ATRP 反应中，所产生的纳米纤维膜具有三维纳米层，为酶固定提供了大量的结合位点，然而进一步延长聚合时间将使纳米层变厚。静电相互作用是影响酶固定化量的一个重要因素。当 pH=7 时，RC-poly(DMAEMA)纳米纤维膜带正电荷，而过氧化氢酶带负电荷。因此，静电吸引将在过氧化氢酶分子和 RC-poly(DMAEMA)纳米纤维膜之间提供额外的结合作用。对于 RC-poly(HEMA)纳米纤维膜，每个 poly(HEMA)链的重复单元都有一个羟基，过氧化氢酶分子将通过氢键或范德瓦尔斯力被吸附到 RC-poly(HEMA)纳米纤维膜上。

研究在 35℃下过氧化氢酶固定化最佳 pH 值(pH 在 4~9)。如图 5-5 所示，在 pH 值分别为 6.5、6.5、6 和 5 时，测定了 RC、RC-poly(HFMA)、RC-poly(DMAEMA)和 RC-poly(AA)纳米纤维膜上的最大固定量。在不同的 pH 值下，静电相互作用会改变带电过氧化氢酶分子和纳米纤维膜之间的作用力。理论上，过氧化氢酶的最大固定量可能在过氧化氢酶的等电点附近，但有研究在 pH 值为 5.4 时观察到过氧化氢酶的絮凝沉淀。对于 RC-CAT、RC-poly(HEMA)-CAT、RC-poly(DMAEMA)-CAT 和 RC-poly(AA)-CAT 膜(过氧化氢酶在 pH 值为 4~9 内固定)，在 35℃下测定比活性，pH=7。在 4 种纳米纤维膜[RC、RC-poly(HEMA)、RC-poly(DMAEMA)和 RC-poly(AA)]中，过氧化氢酶分子在 pH=7 时具有高活性的构象。因此，在之后的研究中，选择中性条件(即 pH=7)进行过氧化氢酶固定。

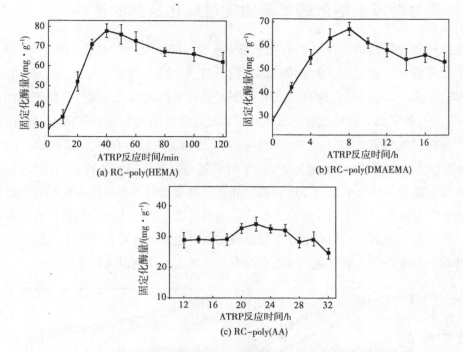

图 5-4　不同纳米纤维膜的固定化酶量与 ATRP 反应时间的关系

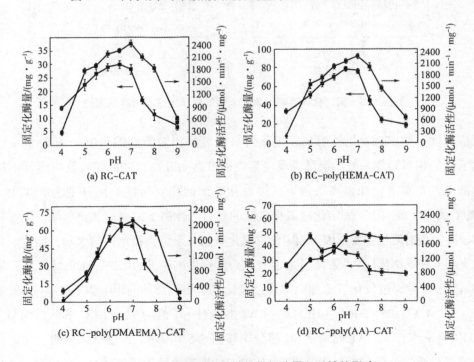

图 5-5　pH 值对固定化过氧化氢酶量和活性的影响

5.2.2 再生纤维素纳米纤维膜固定过氧化氢酶的性能

固定化过氧化氢酶的热稳定性是考虑到实际应用的一个重要参数，图5-6(a)显示了游离过氧化氢酶和固定化过氧化氢酶的热稳定性变化。研究固定化酶在50mmol/L磷酸缓冲盐(PBS)溶液(pH=7)中培养5h，同时将30℃条件下游离和固定化过氧化氢酶的活性设置为100%。一般来说，游离过氧化氢酶和固定化过氧化氢酶的活性都随着温度的升高而降低。固定化过氧化氢酶[RC-CAT、RC-poly(HEMA)-CAT、RC-poly(DMAEMA)-CAT和RC-poly(AA)-CAT]在60℃放置5h后保留了超过一半的初始活性，而在相同条件下，游离过氧化氢酶的活性降低了近90%。固定化过氧化氢酶较高的残余活性和热稳定性可能归因于酶分子运动的空间限制，提高了抗失活的稳定性。酶活性的降低是一种具有时间依赖性的自然现象，但酶活性的降低程度可以通过固定化而大幅减轻。固定化酶分子可以更好地保持酶的构象形态，可以防止其长期储存后的失活，从而提高储存稳定性。

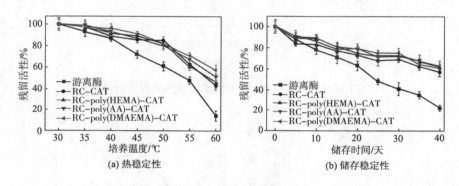

图5-6 固定化和游离过氧化氢酶的热稳定性和储存稳定性

反应温度对游离过氧化氢酶和固定化过氧化氢酶相对活性的影响如图5-7(a)所示。过氧化氢酶的相对活性一开始会随着反应温度的升高而升高，之后随着反应温度的进一步升高而降低。在固定化和游离条件下，过氧化氢酶的相对活性最高分别为35℃和40℃。在5~70℃的温度范围内，固定化过氧化氢酶的相对活性高于游离过氧化氢酶。固定化过氧化氢酶较高的相对活性主要是因为固定化过氧化氢酶分子结构稳定性的增加，而过氧化氢酶分子与支架上三维纳米层之间的多点相互作用可能提供进一步的保护，防止其高温下失活。

溶液pH对游离过氧化氢酶和固定化过氧化氢酶相对活性的影响如图5-7(b)所示。游离CAT、RC-CAT和RC-poly-(HEMA)-CAT的最佳pH值为7，而RC-poly(DMAEMA)-CAT和RC-poly(AA)-CAT的最佳pH值分别移到6.5和7.5。这些结果表明，固定化过氧化氢酶的相对活性会受到微环境的影响(如纳米纤维膜表面附近区域的pH值)。对于RC-poly(DMAEMA)纳米纤维，poly(DMAEMA)的每个重复单元都有一个二甲基氨基，在中性溶液中带正电荷，氢氧根离子将聚集在 RC-poly(DMAEMA)纳米纤维膜表面附近。同样，poly(AA)的每个重复单元都有一个羧基；因此，RC-poly(AA)纳米纤维膜在中性溶液中带负电荷，过氧化氢酶固定在 RC-poly(AA)纳米纤维膜上的最佳 pH 值将增加到 7.5。然而，在整个检测范围中，固定化过氧化氢酶对 pH 值的敏感性较低，固定化过氧化氢酶的残留活性一般高于游离过氧化氢酶。据推测，这是由于纳米纤维膜表面可能存在氧气。

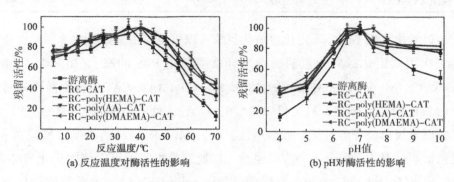

图 5-7 反应温度和 pH 值对固定化和游离过氧化氢酶相对活性的影响

表 5-1 总结了 K_m 活性、K_m 值(Michaelis-Mententen 常数)和 V_{max} 值最大值(最大反应速率)。游离过氧化氢酶在(4202±61)μmol/(mg·min)时比活性最高，而 RC-CAT、RC-poly(HEMA)-CAT、RC-poly(DMAEMA)-CAT 和 RC-poly(AA)-CAT 的酶活性分别为(2464±82)μmol/(mg·min)、(2302±72)μmol/(mg·min)、(2210±63)μmol/(mg·min)和(1926±48)μmol/(mg·min)。过氧化氢酶分子固定在纳米纤维膜上会阻碍过氧化氢分子到固定化酶分子活性位点的扩散，从而降低固定化过氧化氢酶的比活性。研究结果表明，游离过氧化氢酶的 V_{max} 值高于固定化过氧化氢酶，K_m 值低于固定化过氧化氢酶。V_{max} 指酶在底物饱和时的最高反应速率，这反映了酶的内在特性；而 K_m 是指 $V_{max}/2$ 反应速率下的过氧化氢浓度，反映了酶对底物的亲和力。根据 V_{max} 和 K_m 的动力学参数，RC-poly(HEMA)和 RC-poly(DMAEMA)的纳米纤维膜固定化过氧化氢酶具有良好的生物相容性。与游离过氧化氢酶相比，RC、RC-poly(HEMA)和 RC-poly(DMAEMA)膜中固定化过氧化氢酶的 V_{max} 值分别为 64.1%、60.2% 和 56.9%。表 5-1 为游离酶、RC-CAT、RC-poly(HEMA)-CAT、RC-poly(DMAEMA)-CAT 和 RC-poly(AA)-CAT 在 pH 值分别为 7、7、7、6.5 和 7.5 时的最佳活性。

表 5-1 固定化和游离条件下过氧化氢酶的比活性和动力学参数

种类	最佳活性/ ($\mu mol \cdot mg^{-1} \cdot min^{-1}$)	$K_m/(mmol \cdot L^{-1})$	$V_{max}/$ ($\mu mol \cdot mg^{-1} \cdot min^{-1}$)
游离酶	4202±61	38.14	8474
RC-CAT	2464±82	44.02	5434

种类	最佳活性/ ($\mu mol \cdot mg^{-1} \cdot min^{-1}$)	$K_m/(mmol \cdot L^{-1})$	$V_{max}/$ ($\mu mol \cdot mg^{-1} \cdot min^{-1}$)
RC-poly(HEMA)-CAT	2302±72	44.89	5102
RC-poly(DMAEMA)-CAT	2210±63	46.98	4651
RC-poly(AA)-CAT	1926±48	65.07	4366

与游离过氧化氢酶不同,固定化过氧化氢酶可以重复使用。如图 5-8 所示,重复使用 10 次后(每次用固定化过氧化氢酶的纳米纤维膜后用 PBS 冲洗),RC-CAT、RC-poly (HEMA)-CAT、RC-poly(DMAEMA)-CAT 和 RC-poly(AA)-CAT 的残留活性分别为(28± 2.6)%、(32±6.4)%、(66±3.3)% 和(39±5.6)%。这表明,RC-poly(DMAEMA)-CAT 在可重用性方面表现出最好的性能。如前所述,RC-poly(DMAEMA)纳米纤维膜在 pH=7.0 时带正电荷,而过氧化氢酶分子则带负电荷。因此,静电吸引可以使固定化酶结合稳定。而对于 RC-poly(HEMA)-CAT 纳米纤维膜,每个 poly(HEMA)链的重复单元都有一个羟基,过氧化氢酶分子将通过氢键或范德瓦尔斯力被结合到 RC-poly(HEMA)上。因此,RC-poly(HEMA)-CAT 在可重复使用方面表现出相当高的性能,但低于 RC-poly (DMAEMA)-CAT。

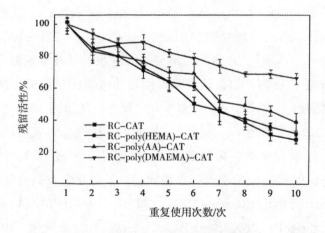

图 5-8 固定化过氧化氢酶的残留活性

RC 纳米纤维膜(纤维直径 200~400nm)通过 ATRP 反应在不同聚合物表面接枝功能性分子刷,并高密度固定化过氧化氢酶。Poly(HEMA)、poly(DMAEMA)和 poly(AA)的最佳 ATRP 反应时间分别为 40min、8h 和 22h,而相应的固定化量分别为(78±3.5)mg/g、(672.7±2.7)mg/g 和(34±2.3)mg/g。此外,与游离过氧化氢酶相比(18 天),RC-poly (HEMA)-CAT、RC-poly(DMAEMA)-CAT 和 RC-poly(AA)-CAT 的半衰期延长到 58 天、56 天和 60 天,表明这些基于表面修饰的 RC 纳米纤维膜固定化酶具有良好的存储稳定性。

此外，所有固定化过氧化氢酶对 pH 和温度的变化与游离过氧化氢酶相比表现出较好的稳定性。同时，RC-poly(HEMA)-CAT 和 RC-poly(DMAEMA)-CAT 的活性和动力学参数（V_{max} 和 K_m）显示，固定化过氧化氢酶分子和膜载体之间具有良好的亲和性，而 RC-poly(DMAEMA)-CAT 的残余活性在 1 天内重复使用 10 次后保持其初始活性的(66 ± 3.3)%。研究表明，RC 纳米纤维膜(特别是通过 ATRP 方法与聚合物链表面接枝)对于高效和可重复使用的酶固定化具有很高的应用前景。

5.3　AOPAN/MMT 复合纳米纤维膜固定化漆酶

5.3.1　AOPAN/MMT 复合纳米纤维膜固定化漆酶的制备

研究采用静电纺丝法和偕胺肟改性法生成 AOPAN/MMT(蒙脱土)复合纳米纤维膜，并利用戊二醛在 AOPAN/MMT 复合纳米纤维膜上采用吸附交联法进行漆酶固定化。AOPAN 纳米纤维固定化漆酶原理如图 5-9 所示。

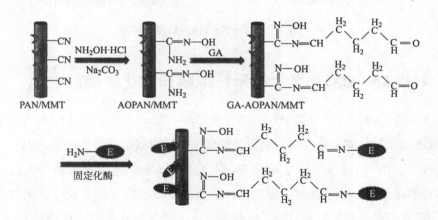

图 5-9　AOPAN 纳米纤维固定化漆酶原理

采用扫描电镜观察不同纳米纤维膜的形态，结果如图 5-10 所示。PAN 纳米纤维和 PAN/MMT 复合纳米纤维形成了一个随机取向的纤维膜，纤维平均直径为 300~450nm。与 PAN 纳米纤维相比，PAN/MMT 纳米纤维的平均直径略有增加。经胺肟修饰后(胺肟化转化率 30.8%)AOPAN/MMT 纳米纤维的直径没有明显变化，纤维结构保持良好，但表面略有粗糙，如图 5-10(c)所示。这表明纳米纤维膜的形态结构可以在化学修饰中得到很好的保留。负载固定化漆酶的纳米纤维的扫描电镜图像如图 5-10(d)所示。由此观察到，固定化漆酶负载在复合纳米纤维上后，增大了复合纳米纤维的直径。

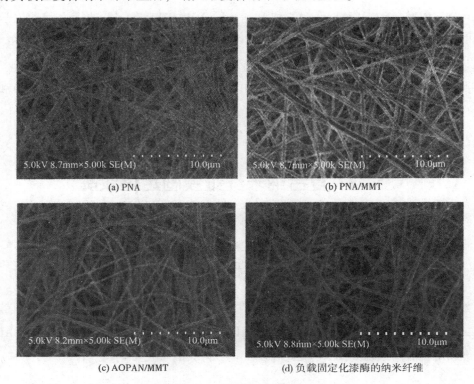

(a) PNA

(b) PNA/MMT

(c) AOPAN/MMT

(d) 负载固定化漆酶的纳米纤维

图 5-10　不同纳米纤维膜的扫描电镜图

5.3.2　AOPAN/MMT 复合纳米纤维膜固定化漆酶的性能

　　图 5-11 为戊二醛浓度和交联时间对固定化漆酶的影响。从图 5-11（a）可以看出，随着戊二醛浓度的增加，固定化漆酶的数量逐渐增加，同时固定化漆酶的活性在一定程度上表现出微弱的变化。当戊二醛浓度达到 5% 时，漆酶固定量达到最大值（89.12mg/g，干重）；当戊二醛浓度进一步增加时，固定化漆酶数量开始下降，固定化漆酶活性也开始下降。同时，随着与戊二醛交联时间的延长，固定化漆酶的用量增加，但固定化酶的活性变化相对较小。当固定处理时间为 10h 时，固定化酶的量达到最大值，随着处理时间延长，固定化漆酶的量及其活性开始下降。因此，当戊二醛浓度为 5%，交联时间为 10h 时，固定化酶效果最好。

　　图 5-12 显示了固定化时间对固定化酶的影响。最初，固定化漆酶的数量随着固定化时间的增加而增加；当达到平衡并进一步延长固定化时间时，固定化漆酶的数量会逐渐降低。AOPAN/MMT 复合纳米纤维的最佳固定化时间为 12h，其中固定化漆酶的用量达到89.26mg/g。原因是复合纳米纤维虽然有大量的酶固定化位点，但随着时间的延长，由于

固定化漆酶载体的位点逐渐减少。当所有活性位点均用于固定化酶时，固定化漆酶的用量达到最大平衡值。

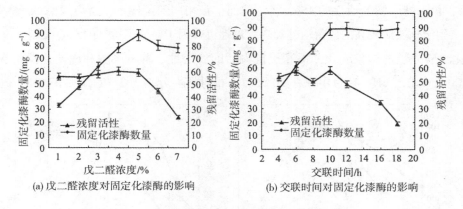

(a) 戊二醛浓度对固定化漆酶的影响　　　　　(b) 交联时间对固定化漆酶的影响

图 5-11　戊二醛浓度和交联时间对固定化漆酶的影响

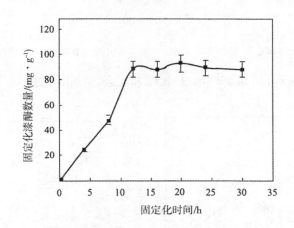

图 5-12　固定化时间对固定化漆酶的影响

反应温度和 pH 值对游离漆酶和固定化漆酶相对活性的影响如图 5-13 所示。漆酶的相对活性最初随着反应温度的升高而升高，然后随着反应温度的进一步升高而降低。在 55℃ 和 50℃ 下，固定化漆酶和游离漆酶的相对活性最高，且在 30~70℃ 的范围内固定化漆酶的相对活性一般高于游离漆酶的相对活性。较高的相对活性主要归因于固定化漆酶分子结构稳定性的增加，同时漆酶分子与纤维表面之间的多点相互作用可能在更高的温度下进一步防止失活。与此同时，漆酶固定后使得最佳 pH 值从 4.5 移至 4 处。固定化漆酶对 pH 值变化的敏感性也变低，固定化漆酶相应的残留活性一般高于游离漆酶的残留活性。

固定化漆酶的热稳定性是考虑到实际应用的一个重要参数。图 5-14(a) 显示了游离和固定化漆酶在不同温度下于 100mmol/L 醋酸—醋酸钠缓冲液（HAc-NaAc pH=4.5）中放置

4h 后的热稳定性，并将最佳温度下观察的漆酶活性定义为 100%。一般来说，游离漆酶和固定化漆酶的活性都随着存放温度的升高而降低，复合纳米纤维膜固定化漆酶在 70℃下培养 4h 后，仍保持了初始活性的 45.28%。然而，在相同的条件下，游离漆酶的活性降低了近 80%。固定化漆酶较高的残留活性和热稳定性可归因于对分子运动的空间限制，进而限制了固定化漆酶分子的构象变化，提高了抗失活的稳定性。游离漆酶和固定化漆酶在 HAc－NaAc（100mmol/L，pH=4.5）中保存 20 天后，相对活性分别为 21.21% 和 63.34%。

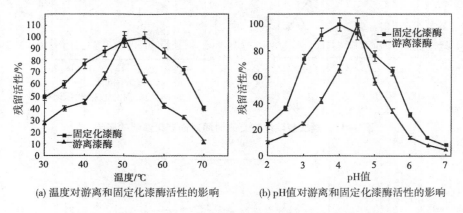

(a) 温度对游离和固定化漆酶活性的影响   (b) pH值对游离和固定化漆酶活性的影响

图 5-13　温度和 pH 值对游离和固定化漆酶活性的影响

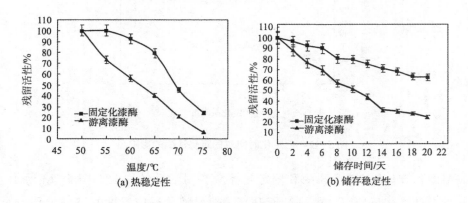

(a) 热稳定性   (b) 储存稳定性

图 5-14　游离和固定化漆酶的热稳定性和储存稳定性

重复使用性能是固定化漆酶在许多实际应用中需解决的一个重要问题。如图 5-15 所示，AOPAN/MMT 复合纳米纤维固定化漆酶在使用 10 次后的残留活性保留了其初始活性的 64.5%。研究结果表明，AOPAN/MMT 复合纳米纤维固定化漆酶具有良好的可重复使用性能。

综上所述，漆酶能有效地固定在 AOPAN/MMT 复合纳米纤维上，固定化漆酶的量可达 89.12mg/g。同时，扫描电子显微镜、傅里叶红外光谱也证实了该酶在纳米纤维表面为共价结合。此外，固定化漆酶的热稳定性和储存稳定性明显优于游离漆酶。与游离漆酶相比，复合纳米纤维固定化漆酶也具有良好的可重复使用性能。此外，固定化漆酶对 pH 值（2~7）和温度（30~70℃）变化的适应性明显高于游离漆酶。这些结果证实了固定化漆酶比游离漆酶具有更好的稳定性，AOPAN/MMT 复合纳米纤维膜的修饰可以作为一种很有前途的固定各种生物活性分子的材料。

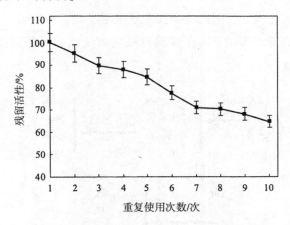

图 5-15　重复使用次数对固定化漆酶活性的影响

5.4　AOPAN-poly(HEMA)复合纳米纤维膜固定化漆酶

5.4.1　AOPAN-poly(HEMA)复合纳米纤维膜固定化漆酶的制备

采用静电纺丝法和胺肟化改性法制备 AOPAN 纳米纤维，然后以 HEMA 作为原子转移自由基聚合表面接枝单体，与铜（Ⅱ）离子配位，探索纳米纤维 AOPAN-poly(HEMA)-Cu(Ⅱ)作为漆酶固定化的新载体。采用 ATRP 方法在 AOPAN 纳米纤维表面接枝及 AOPAN-poly(HEMA)纳米纤维漆酶固定的原理如图 5-16 所示。

采用扫描电镜观察 PAN、AOPAN 和 AOPAN-poly(HEMA)纳米纤维的表面形貌，如图 5-17 所示。PAN 纳米纤维和 AOPAN 纳米纤维是随机取向的纳米纤维。PAN 纳米纤维形态良好，直径均匀。与 PAN 纳米纤维相比，AOPAN 纳米纤维的直径几乎没有变化，纤维结构没有明显变形。经过胺肟改性后，纳米纤维表面略有粗糙，如图 5-17(a)和图 5-17(b)所示。ATRP 接枝的 AOPAN-poly(HEMA)纳米纤维仍保持良好的纤维形态，但改性纳米纤维的平均直径增加，如图 5-17(c)所示。

ATRP 反应时间对 AOPAN 纳米纤维上接枝聚合物链的长度有一定影响。分别将

AOPAN 纳米纤维置于 25℃的接枝体系中反应 1h、2h、4h、6h、8h、12h，并固定化漆酶。如图 5-18 所示，漆酶固定的量随着 ATRP 反应时间的增加而逐渐增加，当反应时间为 4h 时，漆酶固定达到最大量(87.43mg/g)；而随着时间的推移，固定化漆酶的数量开始逐渐减少。这是因为在 ATRP 反应开始时，AOPAN 纳米纤维上接枝聚合物链的长度逐渐增加，同时与漆酶的结合位点也增加，因此漆酶固定量呈增长趋势。随着反应的持续，接枝聚合物链的长度过长，在氢键的作用下分子刷易形成集束现象，与酶蛋白有效接触机会减少，固定化漆酶的量开始下降。

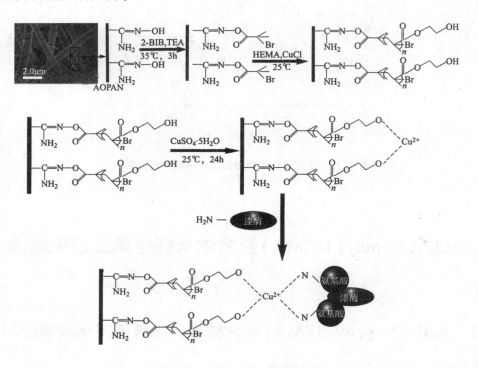

图 5-16　AOPAN 纳米纤维表面接枝及漆酶固定原理

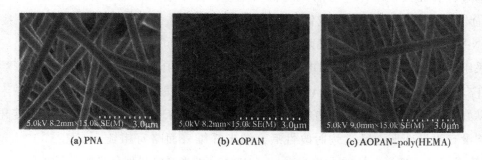

(a) PNA　　　　　　　(b) AOPAN　　　　　　(c) AOPAN-poly(HEMA)

图 5-17　不同纳米纤维的扫描电镜图

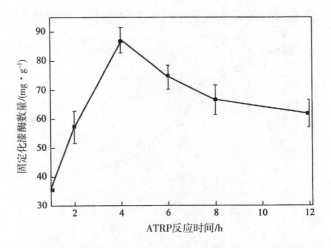

图 5-18　AOPAN-poly(HEMA)纳米纤维固定化漆酶量与 ATRP 反应时间的关系

5.4.2　AOPAN-poly(HEMA)复合纳米纤维膜固定化漆酶的性能

反应温度和 pH 对游离漆酶和固定化漆酶相对活性的影响如图 5-19 所示。随着 ATRP 反应温度的升高，漆酶的相对活性会变高；然而，当反应温度进一步升高时，漆酶的相对活性会变低。在 50℃ 和 45℃ 条件下游离漆酶和固定化漆酶相对活性分别达到最高，且在 30~70℃ 的整个温度范围内，固定化漆酶的相对活性通常高于游离漆酶。其原因是固定化漆酶分子结构稳定性的增加，同时漆酶分子与纤维表面之间的多点相互作用可能在更高的温度下防止失活。从图 5-19(b)可以看出游离和固定化漆酶的最佳 pH 值为 4 和 4.5。此外，固定化漆酶对 pH 值的敏感性变低，固定化漆酶相应的残留活性一般高于游离漆酶。

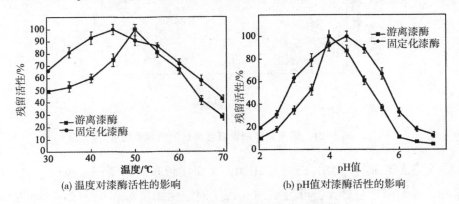

(a) 温度对漆酶活性的影响　　　　　(b) pH值对漆酶活性的影响

图 5-19　温度和 pH 值对游离和固定化漆酶活性的影响

如图 5-20 所示，在 4℃ 的缓冲液(100mmol/L，pH=4)中保存 24 天，游离漆酶和固定化漆酶的相对活性为 21.3% 和 60.3%，相应的初始活性设置为 100%。由此可见，固定化的酶分子可以减少长期储存时的失活现象，改善漆酶的储存稳定性。

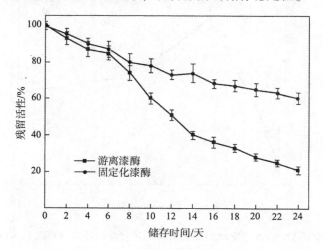

图 5-20 游离漆酶和固定化漆酶的储存稳定性

AOPAN-poly(HEMA)纳米纤维固定化漆酶在重复使用 10 次后保持其初始活性的 63.4%，如图 5-21 所示。酶的可重复性是许多实际应用的主要之一，结果表明，AOPAN-poly(HEMA)纳米纤维固定化漆酶具有良好的可重复使用性及实际应用价值。

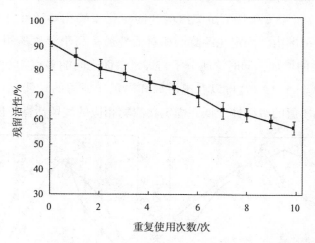

图 5-21 固定化漆酶重复使用后的残留活性

AOPAN 纳米纤维通过 ATRP 反应与 HEMA 表面接枝来高密度固定漆酶，当 ATRP 反应时间为 4h，漆酶固定量最大，可达 87.4mg/g。固定化漆酶对 pH 值(2~7)和温度(30~70℃)变化的适应性明显高于游离漆酶，其储存稳定性和重复使用性能也明显优于游离漆酶。这些结果表明，固定化漆酶与 AOPAN-poly(HEMA)纳米纤维具有较高的亲和性，可以作为一种很有前途的固定生物活性分子的材料。

5.5　PU/AOPAN/β-CD 复合纳米纤维膜固定化漆酶

5.5.1　PU/AOPAN/β-CD 复合纳米纤维膜固定化漆酶的制备

研究制备了由 PU、AOPAN 和 β-环糊精（β-CD）组成的混合纳米纤维膜螯合 Fe(Ⅲ)离子并随后固定漆酶分子，其制备过程如图 5-22 所示。

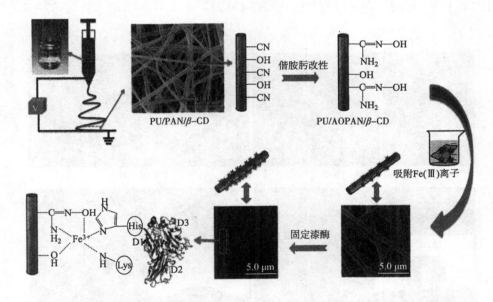

图 5-22　固定化漆酶静电纺 Fe(Ⅲ)-PU/AOPAN/β-CD 复合纳米纤维膜
制备过程示意图

PAN、AOPAN、PU/PAN/β-CD、PU/AOPAN/β-CD 和 Fe(Ⅲ)-PU/AOPAN/β-CD 固定化漆酶膜的扫描电镜形态结构和 Fe(Ⅲ)-PU/AOPAN/β-CD 膜的倒置荧光显微镜（IFM）图像如图 5-23 所示。PAN 和 PU/PAN/β-CD 纳米纤维形状均匀，纳米纤维的平均直径分别为（481±82）nm 和（251±54）nm。静电纺丝过程中，在电场作用下，射流在 50ms 内被拉伸数千倍，纳米纤维间紧密排列。正如之前所报道的，如果纺丝溶液中含有两种或更多的聚合物（如 PAN、PU 和 β-CD），并浓度相对较高，纺丝溶液中将发生微相分离；在弯曲绕动过程中会拉伸并产生相分离，在喷丝快速凝固后获得具有亚稳态结构且连续的复合纳米纤维。当 PU/AOPAN/β-CD 纳米纤维膜经胺肟化后形态未发生明显变化，其直径[（241±

33) nm] 与 PU/PAN/β/CD 纳米纤维的直径 [(251±54) nm] 相似，纳米纤维膜的形态结构保留良好。在相同的胺肟化条件下，AOPAN 纳米纤维融合在一起，导致膜形态不同、力学性能差、比表面积低。测量了 PU/PU/PAN/β-CD 和 PU/AOPAN/β-CD 膜的静水接触角，结果显示胺肟化后纳米纤维膜的亲水性显著提高，纳米纤维中 PU 成分的存在可以有效地保留纳米纤维膜的整体形态结构。图 5-23(e) 和 (f) 分别为 PU/AOPAN/β-CD 与漆酶固定的 Fe(Ⅲ)-PU/AOPAN/β-CD 的扫描电镜图。经 Fe(Ⅲ) 离子螯合后，纳米纤维表面粗糙度提高，纳米纤维直径明显增加，从 (241±33) nm 增加到 (378±56) nm；再经漆酶固定后，纳米纤维直径继续增加，从 (378±56) nm 增加到 (647±116) nm，但纳米纤维膜的整体形态结构基本稳定。图 5-23(f) 是 Fe(Ⅲ)-PU/AOPAN/β-CD 纳米纤维膜固定化漆酶的 IFM 图（用 FITC 标记），漆酶分子可以均匀地分布在 Fe(Ⅲ)-PU/AOPAN/β-CD 复合纳米纤维的表面。

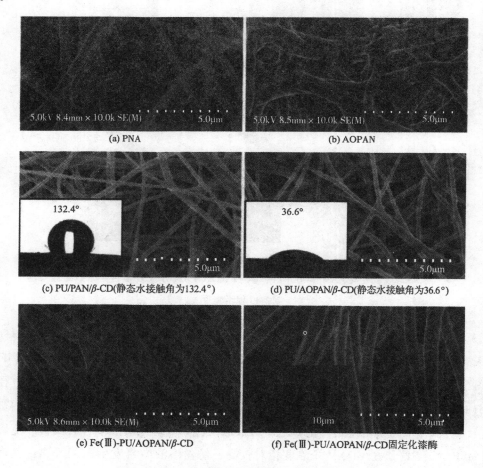

图 5-23　不同纳米纤维膜的扫描电镜图

分别测试了 PU/PAN/β-CD 和 PU/AOPAN/β-CD 纳米纤维膜的比表面积和平均孔径。

PU/PAN/β-CD 和 PU/AOPAN/β-CD 膜的比表面积值分别为 28.56m²/g 和 24.37m²/g。这些结果表明，这两种纳米纤维膜不存在多孔结构。一般来说，如果漆酶的分子能附着在纳米纤维表面，而不是被困在小孔内会展示更高的催化活性。胺肟化后纳米纤维的平均孔径从 29.62nm 减少到 27.85nm，这是因为胺肟化处理会使部分纳米纤维在交叉位置黏合。

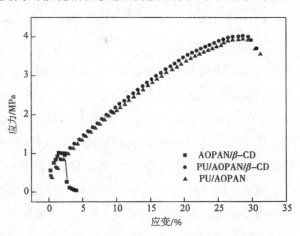

纳米纤维膜的力学性能不仅与单个纳米纤维的力学性能有关，还与膜的形态结构有关。纳米纤维中如果存在一定的缠绕和黏合状态，其力学性能将得到提高。PU/AOPAN/β-CD、PU/AOPAN 和 AOPAN/β-CD 纳米纤维膜的应力—应变曲线如图 5-24 所示，PU/AOPAN/β-CD 和 PU/AOPAN 膜断裂时的最终应力和伸长率明显高于 AOPAN/β-CD 膜。

图 5-24　纳米纤维膜中获得的拉伸应力—应变曲线

这表明在共混纳米纤维中加入 PU 成分可以提高纳米纤维的力学性能。具体而言，拉伸强度/断裂伸长率分别从（1.02±0.16）MPa 和（2.03±0.11）%（AOPAN/β-CD）增加到（3.94±0.19）MPa 和（30.82±1.56）%（PU/AOPAN）及（3.99±0.23）MPa 和（31.25±1.42）%（PU/AOPAN/β-CD）。其原因是 PU 大分子含有碳基和氨基可以与一些极性基团（如 AOPAN 大分子中的胺肟基团和 β-CD 分子中的羟基）相互作用形成氢键，而氢键的形成将进一步提高膜的力学性能。因此，将 PU 掺入共混纳米纤维对于纳米纤维膜力学性能及酶固定化至关重要。

5.5.2　PU/AOPAN/β-CD 复合纳米纤维膜固定化漆酶的性能

本研究测定了 Fe(Ⅲ)-PU/AOPAN/β-CD 复合纳米纤维膜固定化漆酶和游离漆酶的动力学参数，结果见表 5-2。其漆酶固定量最高可达 186.34mg/g，是文献中报道的值（50～75mg/g）的 3 倍左右。原因是 PU/AOPAN/β-CD 复合纳米纤维在胺肟化及 Fe(Ⅲ)离子配位后产生了大量漆酶固定的活性位点。酶固定后 K_m 值明显增加，V_{max} 值明显下降。这些结果表明，纳米纤维膜固定化漆酶与反应底物具有较弱的生物亲和性，也就是纳米纤维载体的空间位阻较大，酶—底物复合物难以形成。而固定化漆酶的 V_{max} 值达到游离漆酶 V_{max} 值的 71%，显著高于报道的值（43%～55%）。这可以归因于 β-CD 的特殊分子结构保持了漆酶空间结构和活性催化位点的稳定性。

表 5-2　Fe(Ⅲ)-PU/AOPAN/β-CD 复合纳米纤维膜固定化和游离漆酶的动力学参数

种类	漆酶固定量/(mg·g^{-1})	V_{max}/(μmol·mg^{-1}·min^{-1})	K_m/(mmol·L^{-1})
游离漆酶	—	403.6	0.78
固定化漆酶	186.34	286.5	1.84

温度和 pH 值对固定化和游离漆酶相对催化活性的影响如图 5-25 所示。如图 5-25(a)所示，游离漆酶和固定化漆酶在 pH 值范围为 2~7 时最佳值均为 4.5，但固定化漆酶表现出比游离酶更加普遍的高相对活性。图 5-25(b)显示了反应温度对游离漆酶和固定化漆酶催化活性的影响。结果表明，两种漆酶的活性值最初都随着反应温度的升高而升高；如果温度高于 50℃，则活性值会随着反应温度的进一步升高而降低。游离漆酶和固定化漆酶的催化活性在 50℃ 时均达到最大值。与 pH 值相似，漆酶对反应温度变化主要是由于漆酶固定在膜载体的纤维表面时分子稳定性的增加。活化能是反应底物分子必须能够进行化学反应的最小能量；随着催化剂/酶(如漆酶)的存在，活化能可以大幅降低。阿伦尼乌斯方程显示了活化能和反应速率之间的定量关系，见下式：

$$k = A \times e^{-\frac{E_a}{RT}} \tag{5-1}$$

阿伦尼乌斯方程可以转换为：

$$\lg k = \frac{E_a}{2.303R} \times \frac{1}{T} + \lg A \tag{5-2}$$

式中：T——反应温度，K；

　　　R——通用气体常数，8.3145J/(mol·K)；

　　　E_a——活化能，J/mol；

　　　k——反应速率；

　　　A——频率因子。

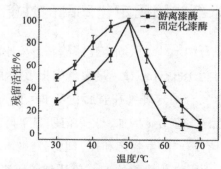

(a) 温度对游离漆酶和固定化漆酶催化活性的影响　　(b) pH值对游离漆酶和固定化漆酶催化活性的影响

图 5-25　温度和 pH 值对游离和固定化漆酶催化活性的影响

当反应温度设置为 30℃和 40℃时，实验测定游离漆酶的 k 值分别为 403.6 和 675.4；而固定化漆酶的 k 值分别为 286.5 和 492.4。根据方程，E_a 值在 40.4kJ/mol 和 42.7kJ/mol 下分别分析游离漆酶和固定化漆酶。k 和 E_a 值表明，游离漆酶的催化反应速率高于固定化漆酶的催化反应速率。这是因为漆酶分子的天然空间结构可能受到固定化过程的影响，呈现出较低的运动自由度，并进一步减少了漆酶与底物分子之间的有效碰撞，从而导致催化反应速率的降低。

热稳定性和储存稳定性是一种酶用于实际应用的两个重要问题。在最佳 pH 的条件下，研究了漆酶的热稳定性与培养温度之间的关系，结果如图 5-26 所示。一般来说，当存放温度从 50℃增加到 75℃时，游离漆酶和固定化漆酶的相对活性变低。用 Fe(Ⅲ)-PU/AOPAN/β-CD 纳米纤维膜固定化的漆酶在 75℃的高温下保留 45% 的原始活性；相比之下，游离漆酶在相同条件下几乎完全失去了其活性。固定化漆酶具有较高的热稳定性，可能是因为固定化漆酶在升高的温度下可以更好地保存天然分子构象。在 HAc-NaAc 缓冲液（100mmol/L，pH=4.5）中储存 20 天后，游离漆酶和固定化漆酶的残余活性分别保留原活性的 64.6% 和 25%。一般来说，酶的催化活性往往会随着储存时间的延长而降低，但可以通过固定化漆酶分子来稳定其构象，减缓失活程度。

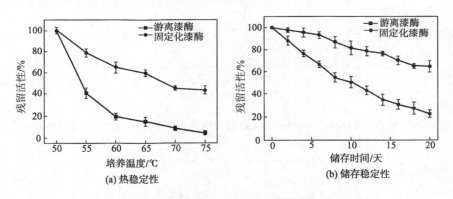

图 5-26　游离漆酶和固定化漆酶的热稳定性和储存稳定性

与游离漆酶不同，固定化漆酶可以重复使用，也很容易从反应体系中分离出来。对固定化漆酶的可重复使用性进行了研究，结果如图 5-27 所示。固定化漆酶的催化活性随着重复使用次数的增加而逐渐降低。这是因为漆酶的天然分子结构可能会随着重复使用次数的增加而部分变化。实验结果表明，纳米纤维膜固定化漆酶的残留活性在重复使用 10 次后，可保持初始催化活性的 (47±5.2)%，体现了良好的可重复使用性能。

从 PU/AOPAN/β-CD 复合纳米纤维膜上去除漆酶并重新固定该膜上是漆酶再生利用的关键问题。通过测定漆酶解吸和再固定的催化活性，研究了膜载体的再生情况。图 5-28 显示了利用 PU/AOPAN/β-CD 膜将漆酶解吸并再固定(三个周期)后的相对活性。将第一次解吸前固定化漆酶的催化活性定义为100%。在第一个解吸/再固定化周期后，固定化漆酶的相对活性可保持在(88±3.8)%；而第三个解吸/再固定化周期后，相对活性仍可保持在(78±4.6)%。与许多其他酶固定化载体相比，制备的PU/AOPAN/β-CD复合纳米纤维膜表现出较高的再生能力。具体来说，PU/AOPAN/β-CD复合纳米纤维膜首先与Fe(Ⅲ)离子进行螯合。在随后的漆酶固定化过程中，Fe(Ⅲ)离子将作为螯合中心体；漆酶分子将通过配位键固定在纳米纤维表面。在分离过程中，纳米纤维表面的胺肟基团质子化，与Fe(Ⅲ)离子产生分离并导致固定的漆酶分子与膜载体分离。用HAc-NaAc缓冲液(pH=4.5)彻底冲洗膜后，胺肟基团脱质子化；再生的PU/AOPAN/β-CD复合纳米纤维膜可以螯合Fe(Ⅲ)离子，然后再次固定漆酶分子。

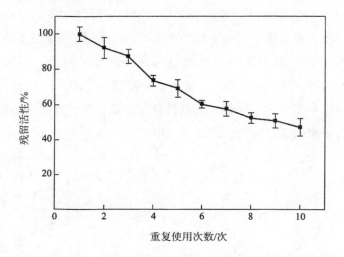

图5-27　用Fe(Ⅲ)-Pu/AOPAN/β-CD复合纳米纤维膜固定化漆酶的重复使用性能

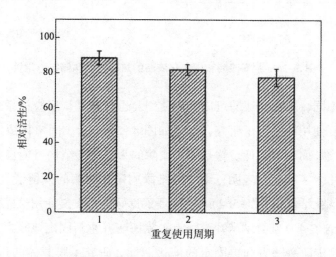

图5-28　固定化漆酶的相对活性与使用周期之间的关系

　　综上所述，制备 PU/AOPAN/β-CD 复合纳米纤维膜，作为 Fe(Ⅲ)离子螯合和漆酶固定化的载体。研究结果表明，漆酶分子被均匀地固定在纳米纤维表面，漆酶固定量高达186.34mg/g，并具有良好的催化活性。此外，固定化的漆酶对温度和 pH 值变化的抵抗性有明显的提高。固定化漆酶的热稳定性、储存稳定性和可重复使用性均有显著提高。与其他固定化载体相比，制备的 PU/AOPAN/β-CD 复合纳米纤维具有更好的力学性能、更高的形态稳定性、再生能力和催化活性，表现出与漆酶的良好亲和力。

▶ 第 6 章

胶原蛋白/壳聚糖复合纳米纤维及其在皮肤组织再生中的应用

6.1 引言

天然细胞外基质主要由蛋白和多糖及其复合形成的蛋白聚糖和糖蛋白组成，它们在细胞周围形成高度水合的水凝胶纳米纤维网络，影响和调控细胞的形态、迁移、分化、增殖、营养代谢和信息传递，维持细胞的正常生理活性，与细胞形成机体组织，发挥正常的生理功能。因此，在组织工程和再生医学领域，通常通过仿生细胞外基质的方法来制备组织修复材料，用于病损组织的修复与再生。

胶原蛋白和糖胺聚糖是天然组织细胞外基质的主要结构蛋白和多糖。胶原蛋白是人体的主要结构蛋白，占人体蛋白质总量的 30% 以上，种类多达 10 余种，分布于肌体的各个部位，在组织的形成、成熟和细胞间信息传递间发挥重要作用，与关节润滑、伤口愈合、钙化作用、血液凝固和衰老等有着密切的关系。壳聚糖[β-(1→4)-2-胺基 2-脱氧-D-葡萄糖]是一种独特的碱性多糖，其结构单元与糖胺聚糖十分相近，有优良的生物相容性，同时还具有抗菌、防腐、止血、促进细胞生长和伤口愈合、抑制溃疡等功能，成膜性好，机械强度高，具有生物可降解性，是人们最感兴趣的生物材料之一。

基于此，研究人员采用胶原蛋白和壳聚糖为主要材料，通过静电纺丝技术制备胶原蛋白/壳聚糖复合纳米纤维，用以仿生细胞外基质，进行皮肤组织修复与再生。

6.2 胶原蛋白/壳聚糖复合纳米纤维的制备

选择合适的溶剂，配制合适的纺丝溶液是纺丝加工成功的一个先决条件。经过试验研究，选取体积比为9:1的六氟异丙醇:三氟乙酸的混合物作为溶剂，考察并优化胶原蛋白/壳聚糖共混溶液的静电纺丝工艺，探讨纺丝工艺参数对纺丝结果的影响。

6.2.1 纺丝电压

固定其他纺丝工艺参数(胶原蛋白:壳聚糖质量比50:50，给液速率0.6mL/h，接收距离110mm，溶液浓度8%)，采用不同的纺丝电压(12~28kV，变化间隔4kV)，进行纺丝试验。图6-1为不同纺丝电压下得到的纳米纤维扫描电镜照片，通过 Photoshop 图像处理软件处理，测算出纤维直径，每张照片上的直方图为各自的纤维直径分布情况。可以看出，当纺丝电压为12~28kV时，可以得到形貌好的纳米纤维，但纤维直径及其分布有差异。图6-2为纤维平均直径与纺丝电压的关系，可以看出，随着纺丝电压的增加，纤维直径并没有明显地按同一个趋势增加或降低，这可能是因为纺丝时还受到环境及其他因素的影响。但总的趋势是，随着纺丝电压升高，纤维平均直径略微减小，但不显著。这可能是因为纺丝电压的增加提高了纺丝电场强度，使得纤维拉伸度有所增强。

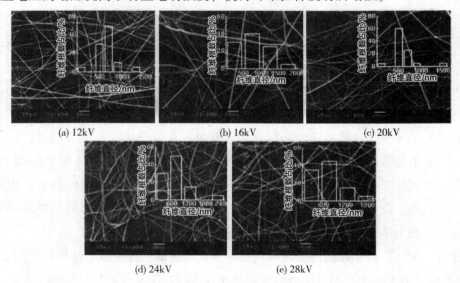

(a) 12kV (b) 16kV (c) 20kV

(d) 24kV (e) 28kV

图6-1 不同纺丝电压下胶原蛋白/壳聚糖复合纳米纤维的扫描电镜
照片及纤维直径分布情况

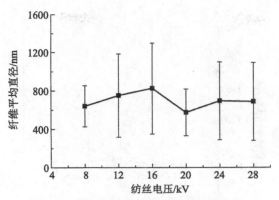

图 6-2　纤维平均直径与纺丝电压的关系

6.2.2　给液速率

固定其他纺丝工艺参数(胶原蛋白/壳聚糖质量比 50/50，溶液浓度 8%，纺丝电压 16kV，接收距离 110mm)，采用不同的给液速率(0.48~0.96mL/h，变化间隔 0.12mL/h)，进行纺丝试验。图 6-3 为不同给液速率下得到的纳米纤维的扫描电镜照片。通过 Photoshop 图像处理软件处理，测算出纤维直径，每张照片上的直方图为各自的纤维直径分布情况。可以看出，给液速率为 0.48~0.96mL/h 时都可以得到形貌好的纳米纤维，纤维直径及其分布有些差异。图 6-4 所示为纤维平均直径与给液速率的关系。可以看出，随着给液速率增加，纤维直径呈增加趋势，这是因为在其他条件不变的情况下，随着给液速率增加，单位时间内通过电场的溶液质量增加，导致纤维直径增加。

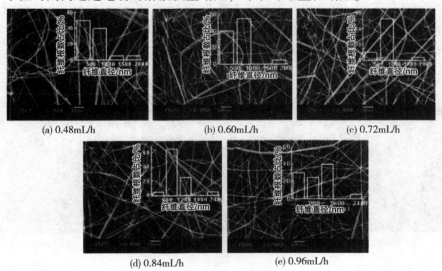

图 6-3　不同给液速率下胶原蛋白/壳聚糖复合纳米纤维的扫描电镜
照片及纤维直径分布情况

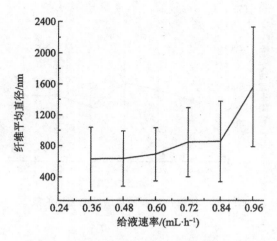

图 6-4　纤维平均直径与给液速率的关系

6.2.3　接收距离

固定其他纺丝工艺参数(胶原蛋白/壳聚糖质量比 50/50,溶液浓度 8%,给液速率 0.6mL/h,纺丝电压 16kV),采用不同接收距离(80~160mm,变化间隔 20mm),进行纺丝试验。图 6-5 为不同接收距离下得到的纳米纤维扫描电镜照片,通过 Photoshop 图像处理软件处理,测算出纤维直径,每张照片上的直方图为各自的纤维直径分布情况。可以看出,接收距离为 80~180mm 时都可以得到形貌好的纳米纤维,纤维直径及其分布有些差异。图 6-6 为纤维平均直径与接收距离的关系。可以看出,随着接收距离增加,纤维直径并没有呈现明显的变化。其原因可能是随着接收距离增加,虽然纤维成丝过程中的牵伸距离增加,但是在纺丝电压不变的情况下,电场强度会减弱,牵伸作用增强和电场强度减弱相互抵消,使得纤维直径变化不明显。

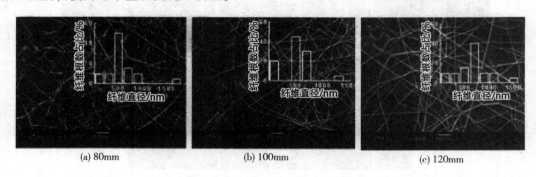

(a) 80mm　　　　　　(b) 100mm　　　　　　(c) 120mm

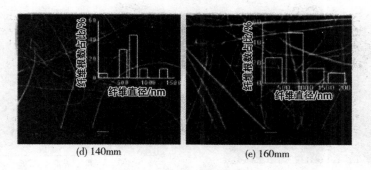

(d) 140mm　　　(e) 160mm

图 6-5　不同接收距离下胶原蛋白/壳聚糖复合纳米纤维的扫描电镜

照片及纤维直径分布情况

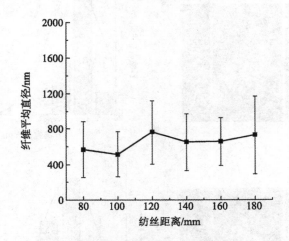

图 6-6　纤维平均直径与接收距离的关系

6.2.4　溶液浓度

固定其他纺丝工艺参数(胶原蛋白/壳聚糖质量比 50/50，纺丝电压 16kV，接收距离 110mm，给液速率 0.6mL/h)，采用不同的溶液浓度(6%~10%，变化间隔 2%)进行纺丝试验。图 6-7 为不同溶液浓度下得到的纳米纤维的扫描电镜照片。通过 Photoshop 图像处理软件处理，测算出纤维直径及纤维直径分布情况。可以看出，溶液浓度为 6%、8% 和 10%(g/100mL)时都可以得到形貌好的纳米纤维，纤维直径及其分布有所不同。图 6-8 为纤维平均直径与溶液浓度的关系。可以看出，随着溶液浓度增加，纤维直径呈增加趋势。这是因为在其他条件不变的情况下，随着溶液浓度增加，单位时间内通过电场的溶液质量增加，导致纤维直径增加。

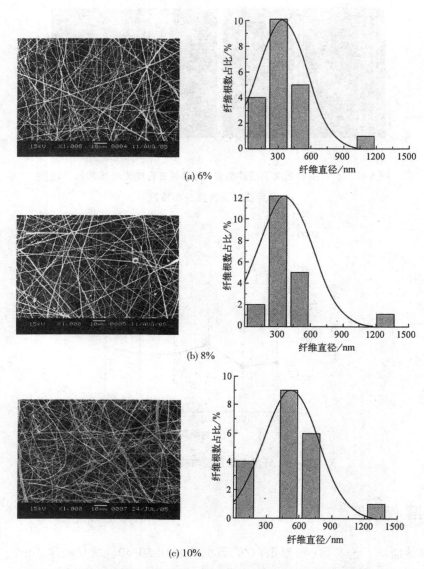

图 6-7　不同溶液浓度下胶原蛋白/壳聚糖复合纳米纤维的扫描电镜
照片及纤维直径分布情况

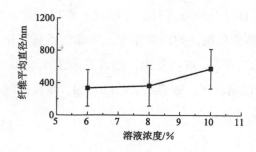

图 6-8　纤维平均直径与溶液浓度的关系

6.2.5　壳聚糖含量

固定其他纺丝工艺参数(纺丝电压 16kV，接收距离 110mm，给液速率 0.6mL/h，溶液浓度 8%)，采用不同壳聚糖含量(即壳聚糖质量占胶原蛋白/壳聚糖共混物质量的百分比，分别为 20%、50%、80%)，进行纺丝试验。图 6-9 为不同壳聚糖含量下胶原蛋白/壳聚糖复合纳米纤维的扫描电镜照片和纤维直径分布情况。可以看出，当壳聚糖含量为 20%、50%、80%时，都可以得到纳米纤维，但是随着壳聚糖含量的增加，溶液的可纺性和纤维成丝效果有所下降，纤维直径及其分布也有差异。图 6-10 为纤维平均直径与壳聚糖含量的关系。可以看出，随着壳聚糖含量增加，纤维直径呈略微下降趋势。这可能是因为溶剂中的三氟乙酸易与壳聚糖中的氨基形成有机盐，随着混合体系中的壳聚糖含量增加，有机盐含量也增加，使得溶液中的电荷密度增加，导致溶液射流的拉伸强度增加。有文献报道，纺丝液中有少量有机盐存在，可以使静电纺纤维直径减小。Subbish 等论述了纺丝液中的电荷密度增加导致射流弯曲不稳定性的原因，其结论也是导致纤维直径减小。

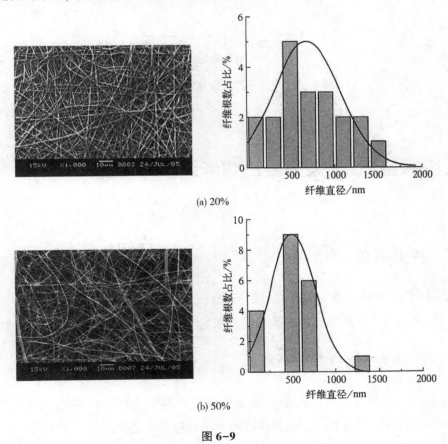

(a) 20%

(b) 50%

图 6-9

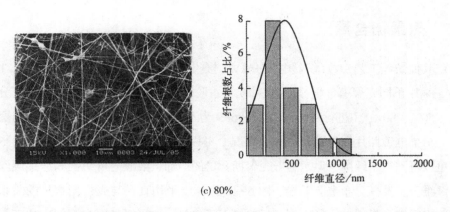

(c) 80%

图6-9　不同壳聚糖含量下胶原蛋白/壳聚糖复合纳米纤维的扫描电镜照片及纤维直径分布情况

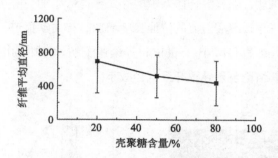

图6-10　纤维平均直径与壳聚糖含量的关系

6.3　胶原蛋白/壳聚糖复合纳米纤维的性能

6.3.1　纤维形貌

图6-11为壳聚糖含量为50%时所制备的胶原蛋白/壳聚糖复合纳米纤维的电镜照片及数码照片，可以看出，纤维直径在纳米到微米范围。

6.3.2　红外光谱分析

通过红外光谱可以测定胶原蛋白/壳聚糖复合纳米纤维的化学结构，也可以研究它们之间是否存在分子间相互作用。确定两种高分子材料之间是否存在相互作用，可以通过两种材料分子之间是否有新的基团生成来确定它们之间是否发生化学反应。分子间是否生成

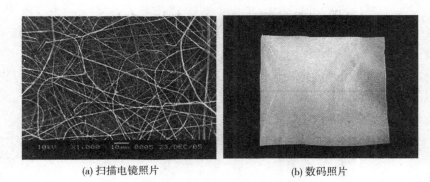

(a) 扫描电镜照片　　　　　　　　(b) 数码照片

图 6-11　胶原蛋白/壳聚糖复合纳米纤维的形貌

氢键则可以通过观察它们的主要基团的特征吸收峰频率是否发生变化分析，因为分子间特定的交互作用会影响局部的电荷密度，从而引起基团的特征吸收峰频率的变化。

6.3.2.1　溶剂对胶原蛋白和壳聚糖的影响

图 6-12 为胶原蛋白原材料和胶原蛋白从所用溶剂即六氟异丙醇：三氟乙酸（体积比为 9∶1）混合物中的浇铸膜的红外光谱图。从图 6-12 中曲线 a 可以看出，胶原蛋白原材料分别在 $1660cm^{-1}$、$1550cm^{-1}$、$1240cm^{-1}$ 位置有特征吸收峰，它们分别代表酰胺基 Ⅰ、Ⅱ、Ⅲ 的特征吸收峰。酰胺基 Ⅰ 的特征吸收峰的出现主要是由于蛋白质的酰胺基中羰基（C＝O）的伸缩振动；酰胺基 Ⅱ 的特征吸收峰的出现主要是由于酰胺基化合物中 N—H 的弯曲振动和 C—N 的伸缩振动（分别贡献 60% 和 40%）；酰胺基 Ⅲ 的特征吸收峰的出现原因比较复杂，既有与酰胺基化合物相连的 C—N 的伸缩振动，也有 N—H 的平面弯曲振动，还有乙氨酸主链和脯氨酸侧链中—CH_2 的摇摆振动。在酰胺基 Ⅲ 的特征吸收峰两侧的 $1340cm^{-1}$、$1160cm^{-1}$ 位置出现了另外两个峰。在 $1400cm^{-1}$ 处的特征吸收峰由 COO^- 的吸收所致。胶原蛋白浇铸膜和胶原蛋白原材料的红外光谱图十分相似，但是酰胺基 Ⅰ、Ⅱ、Ⅲ 的特征吸收峰分别从胶原蛋白原材料的 $1660cm^{-1}$、$1550cm^{-1}$、$1240cm^{-1}$ 移动至胶原蛋白浇铸膜的 $1640cm^{-1}$、$1540cm^{-1}$、$1290cm^{-1}$，如图 6-12 中曲线 b 所示。COO^- 的特征吸收峰也移动至 $1390cm^{-1}$，这意味着胶原蛋白和溶剂之间可能产生一定的相互作用，如分子间力。

图 6-13 为壳聚糖原材料和壳聚糖从所用溶剂即六氟异丙醇/三氟乙酸（体积比为 9∶1）混合物中浇铸膜的红外光谱图。图 6-13 中曲线 a 为壳聚糖原材料的红外光谱，位于 $1660cm^{-1}$、$1600cm^{-1}$、$1260cm^{-1}$ 的特征吸收峰分别代表酰胺基 Ⅰ 的特征吸收峰、N—H 基的弯曲振动吸收峰和酰胺基 Ⅲ 的特征吸收峰，其中位于 $1660cm^{-1}$、$1600cm^{-1}$ 的两个特征吸收峰部分重合。此外，酰胺基 Ⅱ 的特征吸收峰未观察到，处于 $1260cm^{-1}$ 的酰胺基 Ⅲ 的特征吸收峰强度也比较弱。这些都意味着壳聚糖是一个部分脱乙酰基的产物。图 6-13 中曲线 b 为壳聚糖浇铸膜的红外光谱，和壳聚糖原材料的红外光谱有些不同，酰胺基 Ⅰ 的特征

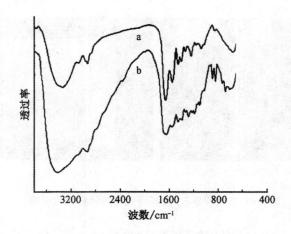

图 6-12　胶原蛋白的红外光谱

a—胶原蛋白原材料　b—胶原蛋白浇铸膜

吸收峰和位于 $1600cm^{-1}$ 的特征吸收峰完全叠加在一起，显示为 $1610cm^{-1}$ 位置的一个宽峰；酰胺基Ⅲ的特征吸收峰强度增强，在 $1400cm^{-1}$ 出现一个新的特征吸收峰，这应该是三氟乙酸与壳聚糖的酰胺基之间形成盐的结果。盐的形成破坏了壳聚糖分子间的刚性和强烈的相互作用。和壳聚糖原材料相比，壳聚糖浇铸膜的红外光谱上，在 $1160cm^{-1}$ 出现了代表 C—O—C 吸收的特征峰。这些变化意味着壳聚糖和溶剂之间也有类似分子间力的相互作用。

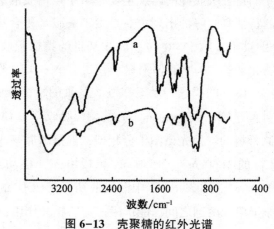

图 6-13　壳聚糖的红外光谱

a—壳聚糖原材料　b—壳聚糖浇铸膜

6.3.2.2　胶原蛋白/壳聚糖复合纳米纤维的红外光谱

为了考察溶剂是否残留在胶原蛋白/壳聚糖复合纳米纤维上而影响纤维应用，研究了存放 1 天的静电纺纳米纤维及浇铸膜的红外光谱(图 6-14)，并与在真空干燥箱中存放 10 天以上的纳米纤维的红外光谱进行比较(图 6-15)。结果发现未经过长时间真空放置的壳聚糖纳米纤维和胶原蛋白/壳聚糖复合纳米纤维及其浇铸膜的红外光谱在 $1792cm^{-1}$ 左右多出现一个特征吸收峰，其为含氟乙酰基团的特征吸收峰，说明纺丝结束收集的胶原蛋白/壳聚糖纳米纤维上存在三氟乙酸的残留。但是胶原蛋白纤维的红外光谱上，在 $1792cm^{-1}$ 未出现特征吸收峰，这说明在 $1792cm^{-1}$ 出现的特征吸收峰可能是三氟乙酸与壳聚糖的氨基之间形成的盐的特征吸收峰。随着纳米纤维在真空干燥箱中的存放时间延长，此处的特征吸收峰消失，这说明这种结合并不稳定，三氟乙酸已经脱去或转化。

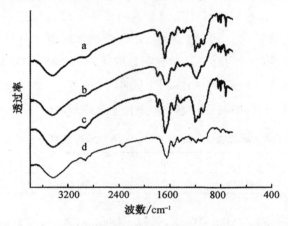

图 6-14　存放 1 天的胶原蛋白和壳聚糖纳米纤维及浇铸膜的红外光谱

a—壳聚糖纳米纤维　b—胶原蛋白/壳聚糖浇铸膜　c—胶原蛋白/壳聚糖纳米纤维　d—胶原蛋白纳米纤维

　　和胶原蛋白原材料及胶原蛋白浇铸膜相比，胶原蛋白纳米纤维的红外光谱有些小变化。如图 6-15 中曲线 a 所示，胶原蛋白纳米纤维的酰胺基 Ⅰ、Ⅱ、Ⅲ 的特征吸收峰分别出现在 $1640cm^{-1}$、$1540cm^{-1}$、$1250cm^{-1}$，酰胺基Ⅲ的特征吸收峰的旁边，即 $1330cm^{-1}$ 处还有一个特征吸收峰。

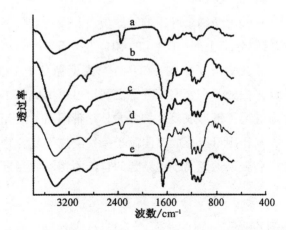

图 6-15　不同壳聚糖含量下胶原蛋白/壳聚糖纳米纤维(存放 10 天以上)的红外光谱

a—0　b—20%　c—50%　d—80%　e—100%

和壳聚糖原材料及壳聚糖浇铸膜相比，壳聚糖纳米纤维的红外光谱也有变化。如图 6-15 中曲线 e 所示，在 $1680cm^{-1}$、$1540cm^{-1}$ 分别出现代表酰胺基Ⅰ和Ⅱ的特征吸收峰，而酰胺基Ⅲ的特征吸收峰消失。酰胺基Ⅰ、Ⅱ的特征吸收峰出现，表明静电纺丝过程可能有利于三氟乙酸与壳聚糖分子中的—NH_2反应；酰胺基Ⅲ的特征吸收峰消失，说明壳聚糖分子之间及壳聚糖分子与溶剂分子之间可能形成新的相互作用，屏蔽了酰胺基Ⅲ的特征吸收峰。

由于胶原蛋白和壳聚糖分子中都存在—COOH、—NH_2 及—CO—NH—，即使发生交联作用生成—CO—NH—，它们的红外光谱上的特征吸收峰的位置变化也不明显，因此比较难分辨。尽管不同壳聚糖含量的胶原蛋白/壳聚糖纳米纤维的红外光谱十分相似，但随着壳聚糖含量变化，相应纤维的红外光谱有明显变化。在 $3400\sim3450cm^{-1}$ 出现的特征吸收峰分别代表—OH、—NH_2 和—CO—NH 基团上的 N—H 的振动吸收，随着壳聚糖含量改变，在 $3400\sim3450cm^{-1}$ 出现的特征吸收峰也发生变化(表 6-1)。

表 6-1 胶原蛋白/壳聚糖纳米纤维的红外光谱上—OH 和—NH_2 的特征吸收峰随壳聚糖含量变化情况

壳聚糖含量/%	0	20	50	80	100
特征吸收峰位置/cm^{-1}	3423	3434	3412	3424	3423

随着壳聚糖含量逐渐增加(0、20%、50%、80%、100%)，酰胺基Ⅰ的特征吸收峰从 $1640cm^{-1}$ 移动至 $1680cm^{-1}$。酰胺基Ⅱ的特征吸收峰的强度也发生变化，但与壳聚糖含量不成比例，在壳聚糖含量为 20% 时特别弱，这意味着 N—H 的弯曲振动和 C—N 的伸缩振动被抑制，原因可能是胶原蛋白和壳聚糖分子间形成了新的分子间力。此外，当壳聚糖含量为 20% 时，在 $1260cm^{-1}$ 可以看到酰胺基Ⅲ的特征吸收峰和其附近 $1320cm^{-1}$ 的另一个特征吸收峰，但当壳聚糖含量增加到 50% 和 80% 时，$1260cm^{-1}$ 处的酰胺基Ⅲ的特征吸收峰消失，只剩下 $1320cm^{-1}$ 处的特征吸收峰。

以上这些变化说明，在静电纺纳米纤维的胶原蛋白和壳聚糖分子之间可能通过分子间力形成相互作用。胶原蛋白分子中的—OH 和—NH_2 与壳聚糖分子中的—OH 和—NH_2 都可以形成氢键。同时，胶原蛋白分子中的—C＝O 与壳聚糖分子中的—OH 和—NH_2 也可以形成氢键。此外，胶原蛋白分子和壳聚糖分子之间也可以形成离子键，因为这些分子可以和带相反电荷的分子通过离子键形成复合物，尤其是带阳离子的壳聚糖与可形成阴离子的胶原蛋白之间。这种相互作用可以形成聚阳离子—聚阴离子复合物。由于胶原蛋白和壳聚糖的官能团与胶原蛋白和壳聚糖以离子键结合的官能团相同或相近，所以不能清晰地从其红外光谱得到这种信息。

6.3.3 X 射线衍射分析

材料的物相结构对材料性能起着决定性作用，理解材料的物相结构是全面理解某种材料的一个重要方面。X 射线衍射分析可确定材料由哪些相组成及各组成相的含量。

图 6-16 为胶原蛋白原材料及其在溶剂即六氟异丙醇/三氟乙酸共混物中溶解后浇铸膜的 XRD 谱图。可以看到，对于胶原蛋白原材料，在 7.5°左右有一个衍射峰，在 20.5°有一个较宽的峰；对于胶原蛋白浇铸膜，在 7.5°左右的衍射峰消失，只剩下在 20.5°的宽峰。这说明胶原蛋白经六氟异丙醇/三氟乙酸共混物处理后，其结晶行为受到了影响。

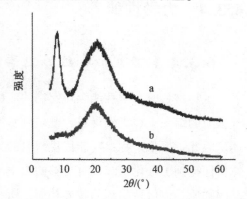

图 6-16　胶原蛋白原材料及其
浇铸膜的 XRD 谱图

a—胶原蛋白原材料　b—胶原蛋白浇铸膜

图 6-17 为壳聚糖原材料和壳聚糖浇铸膜的 XRD 谱图。可以看到，对于壳聚糖原材料，在 9.5°和 20.5°有两个衍射峰，它们分别对应结晶 1 和结晶 2；对于壳聚糖浇铸膜，在 9.5°的衍射峰消失，在 20.5°的衍射峰变为一个宽的弥散峰。这说明壳聚糖经六氟异丙醇/三氟乙酸共混物处理后，其结晶性能也受到影响。

图 6-18 为不同壳聚糖含量的胶原蛋白/壳聚糖复合纳米纤维的 XRD 谱图，可以看到，胶原蛋白/壳聚糖复合纳米纤维的 XRD 谱图上都只在 20.5°左右有一个宽的弥散峰，说明经过一系列处理后，聚合物都变成无定型相。原因可能是溶剂削弱了壳聚糖分子间的刚性和强烈的相互作用，也削弱了胶原蛋白分子间的相互作用，影响了它们的结晶行为。

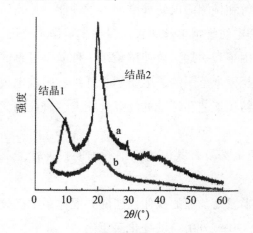

图 6-17　壳聚糖原材料及其
浇铸膜的 XRD 谱图

a—壳聚糖原材料　b—壳聚糖浇铸膜

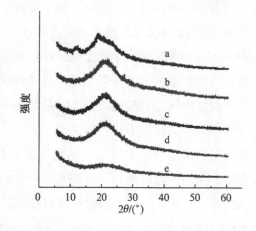

图 6-18　不同壳聚糖含量的胶原蛋白/壳聚糖复合
纳米纤维的 XRD 谱图

a—100%　b—80%　c—50%　d—20%　e—0

6.3.4 力学性能

6.3.4.1 纤维单丝的力学性能

生物材料的力学性能会对它们的应用和其他性能产生很大影响，特别是作为仿生细胞外基质的组织工程支架材料，既是细胞的粘连基质，也是将细胞转载至体内特定部位的载体。因此，要求生物材料能提供暂时的力学支撑，保持组织形成的潜在空间。这种力学支撑要保持到工程化组织具有足够的力学承载性。另外，工程化组织的细胞必须表达适宜的基因物质，以保持组织的特异功能。所种植细胞的特异功能与特异的细胞表面受体（如整联蛋白）、周围细胞的相互作用及可溶性生长因子等密切相关。将各种信号分子如细胞粘连肽和整合生长因子加到生物材料中，可以调控细胞的功能，而力学刺激也是一种十分有用的调控方法。力学信号通过基质传导至细胞内部，有效调控各种组织的形成及细胞的基因表达。力学应力诱导的细胞形状和结构的变化，对控制细胞的很多功能（如生长、能动性、收缩和力学传导）具有重要作用。有时，重建组织在组织学上虽然与天然组织相似，但由于缺乏生理应力适应过程，不能承受与天然组织相当的负荷。因此，在体外构建工程化组织的过程中，需施加适当的生理应力刺激。因而，要求组织工程支架材料有合适的力学性能。

织物的力学性能不仅会受到织物组织的影响，还会受到单根纤维力学性能的影响，对于静电纺非织造材料同样。因此，为了更好地了解和预测静电纺纤维的力学性能，首先讨论胶原蛋白/壳聚糖纳米纤维单丝的力学性能。静电纺纤维单丝的直径在纳米至微米范围，而这种超小直径纤维的力学性能测试存在很大的困难和挑战。拉伸试验是一种简单可靠的测量材料力学性能的方法，但是对于直径在纳米至微米范围的静电纺纳米纤维，困难也很大。目前对静电纺丝材料的研究，一般都集中在纺丝工艺和纤维的物理性能上，研究室尝试对纤维单丝的力学性能进行讨论。

通过对不同组分、不同直径的胶原蛋白和壳聚糖及其共混物超细纤维的拉伸性能测试，作出其应力—应变曲线，如图6-19所示。

从图6-19中(a)~图6-19(i)可以看出，纳米纤维单丝的拉伸性能随共混体系中壳聚糖含量（0.10%、20%、30%、40%、50%、60%、70%、80%）的变化而变化。

纯胶原蛋白纤维一般都在未出现屈服点以前就发生断裂，只有一例胶原蛋白纤维在出现屈服点以后断裂，并有较大的断裂延伸度（约4%），所以静电纺胶原蛋白纤维属于一种脆性纤维。

共混体系中加入10%壳聚糖，胶原蛋白/壳聚糖纳米纤维变得坚韧，其应力—应变曲

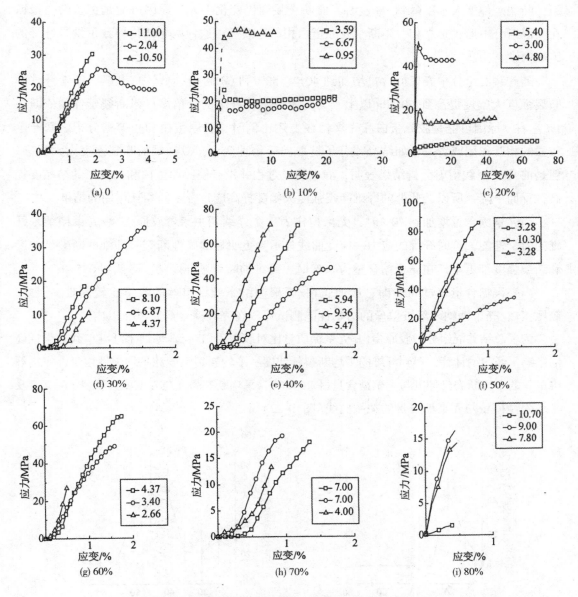

图 6-19 不同壳聚糖含量下胶原蛋白/壳聚糖纳米纤维单丝的应力—应变曲线

线上出现了屈服点，纤维的断裂延伸度达到 18%，断裂强度变化不大。这意味着壳聚糖在共混组分中充当增塑剂，削弱了胶原蛋白分子链间的相互作用，使得胶原蛋白分子链在张力作用下更容易伸长。

随着共混组分中壳聚糖含量增加到 20%，壳聚糖的增塑作用更明显，胶原蛋白/壳聚糖纳米纤维的断裂延伸度增加到 46%，断裂强度的变化依旧不明显。

当共混组分中壳聚糖含量增加到 30%，纤维的应力—应变曲线又开始显示为脆性断裂，断裂延伸度大幅下降到 1% 左右，而断裂强度仍变化不大。原因可能是更多的壳聚糖在共混组分中形成独立相，阻断了胶原蛋白相的连续性。这种两相结构导致了纳米纤维的脆性力学行为。

随着共混组分中壳聚糖含量增加到 40%、50% 和 60%，胶原蛋白/壳聚糖纳米纤维的断裂强度大幅度提高到 60MPa 以上，为纯胶原蛋白纤维的 3 倍多，但断裂延伸度依旧在 1% 左右。原因可能是胶原蛋白和壳聚糖在上述比例时，胶原蛋白和壳聚糖分子之间产生较强的相互作用或者发生如结晶或分子链取向等物理变化，故纤维的断裂强度大大提高。但是前文 X 射线衍射分析结果表明，静电纺丝过程并没有使胶原蛋白和壳聚糖的结晶度提高，反而下降。所以，此处的纤维断裂强度大幅度提高应是分子间相互作用的结果。

当壳聚糖含量增加到 70% 时，壳聚糖作为一个连续相主宰着胶原蛋白/壳聚糖纳米纤维的力学性能，这时纤维的应力—应变曲线显示为更明显的脆性断裂，纤维的断裂延伸度和断裂强度都更小。在壳聚糖含量为 80% 时，纤维的断裂延伸度甚至降低到 0.5%。

当壳聚糖含量超过 80% 时，胶原蛋白/壳聚糖纳米纤维单丝的收集比较困难。因此，胶原蛋白/壳聚糖纳米纤维单丝的力学性能测试局限在壳聚糖含量为 80% 以内。

为了总结共混组分中胶原蛋白/壳聚糖质量比对胶原蛋白/壳聚糖纳米纤维单丝力学性能的影响，经归纳计算，得到纤维的平均断裂延伸度、平均断裂强度和平均弹性模量，作出纤维单丝的平均断裂延伸度与壳聚糖含量(图 6-20)、平均断裂强度与壳聚糖含量(图 6-21)及平均弹性模量与壳聚糖含量的关系曲线(图 6-22)。

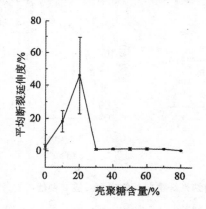 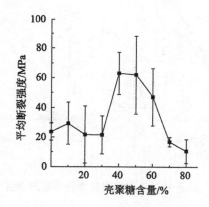

图 6-20　胶原蛋白/壳聚糖纳米纤维单丝的　　　图 6-21　胶原蛋白/壳聚糖纳米纤维单丝的
　　平均断裂延伸度与壳聚糖含量的关系　　　　　　平均断裂强度与壳聚糖含量的关系

从图 6-20 可以看出，随着共混体系中少量壳聚糖的加入，胶原蛋白/壳聚糖纳米纤维的断裂延伸度增加，到壳聚糖含量达到 20% 时，纤维的断裂延伸度增加到最大，这说明少量壳聚糖在共混组分中充当增塑剂，削弱了胶原蛋白分子链间的相互作用，使得胶原蛋白分子链在拉力作用下更容易伸长。

图 6-21 显示了胶原蛋白/壳聚糖纳米纤维单
丝的平均断裂强度与壳聚糖含量的关系。最大的
平均断裂强度出现在共混组分中胶原蛋白与壳聚
糖含量大致相等时，说明这时纳米纤维中的胶原
蛋白分子和壳聚糖分子间可能产生了较强的相互
作用。

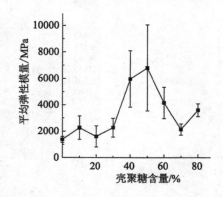

**图 6-22　胶原蛋白/壳聚糖纳米纤维的平均
弹性模量与壳聚糖含量的关系**

图 6-22 显示了胶原蛋白/壳聚糖纳米纤维单
丝的平均弹性模量与壳聚糖含量的关系。可以看
出纯胶原蛋白纤维的弹性模量比较低，随着壳聚
糖的加入，纤维的弹性模量增加，说明纯壳聚糖
纤维比纯胶原蛋白纤维的刚性强。当共混组分中
壳聚糖含量达到 40%～60% 时，胶原蛋白/壳聚糖纳米纤维的平均弹性模量达到最大。因
此，当共混组分中胶原蛋白和壳聚糖含量接近时，可能得到比纯胶原蛋白纤维和纯壳聚糖
纤维力学性能更好的纤维。

6.3.4.2　纤维膜的力学性能

通过对不同组分、不同厚度的胶原蛋白和壳聚糖及其共混物的纳米纤维薄膜的拉伸性
能测试，作出应力—应变曲线(图 6-23)。和纳米纤维单丝的力学性能相比，两者有相似
之处。纯胶原蛋白纤维膜比纯壳聚糖纤维膜有更好的拉伸力学性能；当共混组分中壳聚糖
含量为 20% 时，纤维膜的断裂延伸度最大。

从图 6-23 可以看出，胶原蛋白纤维膜显示既硬且韧的力学性能，其应力—应变曲线
在约 4.5MPa 处出现屈服点，断裂延伸度约为 12%。和胶原蛋白纤维膜不同，壳聚糖纤维
膜的应力—应变曲线上没有出现屈服点，并且其断裂强度和断裂延伸度都大大降低，分别
约为 0.5MPa 和 7.4%。

当胶原蛋白中加入少量壳聚糖(20%)时，胶原蛋白/壳聚糖纳米纤维膜表现出柔韧的
力学性能，断裂延伸度达到 75%。随着共混组分中壳聚糖含量增加到 50%，胶原蛋白/壳
聚糖纳米纤维膜表现出和胶原蛋白纤维膜类似的力学性能，只是断裂延伸度较大，断裂强
度较低，分别为 18% 和 1.2MPa 左右。当壳聚糖含量超过 50% 达到 80% 时，纤维膜的断裂
延伸度和断裂强度分别下降到 10%、0.8MPa 左右。

分析共混组分中胶原蛋白/壳聚糖质量比对胶原蛋白/壳聚糖纳米纤维膜力学性能的影
响，经归纳计算，得到纤维膜的平均断裂延伸度、平均断裂强度和平均弹性模量，作出纤
维膜的平均断裂延伸度与壳聚糖含量(图 6-24)和平均断裂强度与壳聚糖含量的关系曲线
(图 6-25)。

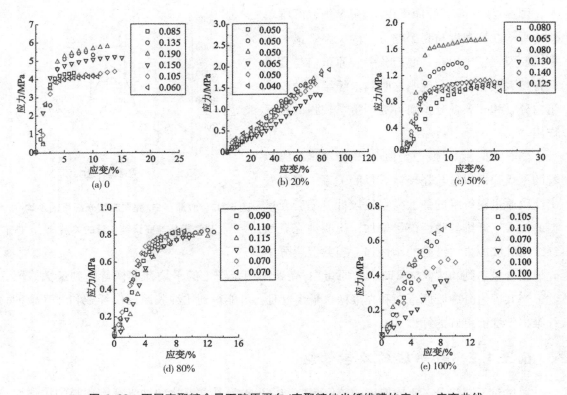

图 6-23　不同壳聚糖含量下胶原蛋白/壳聚糖纳米纤维膜的应力—应变曲线

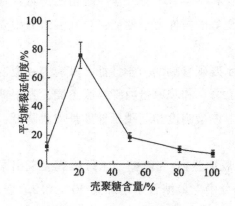

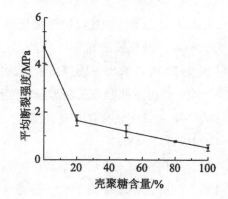

图 6-24　胶原蛋白/壳聚糖纳米纤维膜的
平均断裂延伸度与壳聚糖含量的关系

图 6-25　胶原蛋白/壳聚糖纳米纤维膜的
平均断裂强度与壳聚糖含量的关系

可以看出图 6-24 类似于图 6-20，即当壳聚糖含量占共混组分的 20% 时，不论是纳米纤维单丝还是纤维膜，都表现出最大的断裂延伸度，但纤维膜比纤维单丝有更大的断裂延伸度。这很容易理解，当纤维膜受到拉伸时，即使纤维膜中的有些纤维被拉断，纤维膜依然可以保持其膜的状态，并在拉力作用下通过纤维滑脱继续伸长，直到断裂截面处的所有纤维被拉断或拔出，纤维膜才最终断裂。

从图 6-25 可以看出，纤维膜的断裂强度随着纤维中壳聚糖含量的增加而持续降低，尤其在壳聚糖含量为 20% 时，纤维膜的断裂强度出现急剧的下降。这意味着壳聚糖含量对胶原蛋白/壳聚糖纳米纤维膜的力学性能有很大影响。这种趋势和纤维单丝的变化趋势不同。这种现象的出现，可能是因为纳米纤维薄膜的断裂机理与纤维单丝的断裂机理不同，同时和纤维长度有关。

首先分析薄膜的断裂机理。薄膜拉伸断裂过程首先取决于纤维断裂过程，两者在一定程度上有相似之处，但薄膜是纤维的集合体，故两者又有相当大的区别。当薄膜受到拉伸时，纤维本身的皱曲减少，伸直度提高，表现出初始阶段的伸长变形。对于静电纺非织造物来说，它和织物有着相当大的区别，在纳米纤维薄膜的断裂过程中，同时存在纤维的断裂和滑脱。当纤维较长而与周围纤维相互抱合和纠结时，由于周围纤维的纠结、挤压和摩擦作用，纤维不易滑脱，当这些作用超过纤维的负载极限时，纤维发生断裂。对于长度比较短的纤维，这些纤维承担的外力一般小于它的负载极限。拉伸时，它们会由于摩擦力小而被从薄膜中抽拔滑脱移动，但不被拉断；当薄膜沿这一截面断裂时，它们会被抽拔出来。对于有些蓬松的非织造物来说，这可能是薄膜断裂的主要原因。

静电纺纤维薄膜的断裂机理是同时存在纤维的断裂和滑脱，同时考虑到薄膜的密实程度和单位面积上承载纤维的根数，就不难理解为什么薄膜的单位面积上的张力即断裂强度总是小于纤维单丝的断裂强度。此外，超细纤维的超分子结构也是影响其力学性能的一个方面，这也是造成超细纤维单丝与其组成的薄膜的力学性能不同的一个原因。同时，在静电纺纤维薄膜的断裂过程中，纤维除了断裂还有滑脱，这也在一定程度上解释了为什么薄膜的断裂延伸度大于纤维。

对于胶原蛋白/壳聚糖纳米纤维薄膜的断裂延伸度，其变化趋势和产生这种变化的原因与静电纺纤维单丝有相似之处，上面的描述也对纤维膜的断裂延伸度比纤维单丝的断裂延伸度大的原因做了解释，这里不再赘述。

对于胶原蛋白/壳聚糖纳米纤维薄膜的断裂强度随壳聚糖含量的增加而下降，与纳米纤维单丝的变化趋势不同。原因可能是纺丝过程中，随着壳聚糖含量的增加，纳米纤维薄膜的密实度下降，薄膜变得比较蓬松，薄膜横截面单位面积上的纤维根数减少，同时纤维长度变短。这些都使得纤维膜受到拉伸时，单位面积上承受张力的纤维根数减少，纤维之间的抱合力下降。同时，由于纤维长度变短，因纤维滑脱而不是纤维断裂导致整个薄膜断裂的趋势越来越强。虽然胶原蛋白/壳聚糖纳米纤维分子间仍然存在相互作用，但此时的薄膜断裂主要受纤维间相互作用的影响。

6.3.5 孔隙率

材料的孔隙率指材料中孔隙所占体积与材料总体积之比，一般以百分数表示。材料的孔隙率对材料的导热性、导电性、光学性能、声学性能、拉压强度和蠕变率等物理性能都有很大影响。对于生物材料来说，特别是作为组织工程支架的材料，更需要较高的孔隙率，应达到80%以上，必须具有很大的比表面积。这一方面有利于细胞的植入、黏附，另一方面有利于细胞营养成分的渗入与代谢产物的排出。此外，单位体积的物质质量小有利于组织修复，支架材料在生物降解后只产生少量的产物，对组织的影响小。Zoppi等用浸没沉淀法制备PLA多孔支架材料，进行非洲绿猴肾细胞（VERO）的培养，发现VERO细胞在多孔性的材料上生长，细胞形态为圆形，而在孔隙率低的表面上，细胞形态为扁平形。他们的试验结果表明，人工基质孔径和孔隙率可以影响细胞生长，甚至改变细胞的功能。

图6-26为胶原蛋白/壳聚糖纳米纤维膜的孔隙率与壳聚糖含量的关系。可以看出，随着胶原蛋白/壳聚糖纳米纤维膜中壳聚糖含量的增加，纤维膜的孔隙率增加。原因可能是随着壳聚糖含量增加，纳米纤维薄膜的密实度下降，薄膜变得比较蓬松。

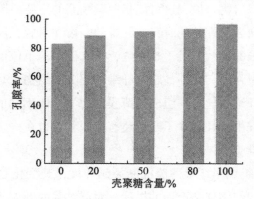

图6-26　胶原蛋白/壳聚糖纳米纤维膜的
孔隙率与壳聚糖含量的关系

6.3.6 亲疏水性能

生物材料表面的亲水—疏水平衡是影响和调节蛋白质吸附的重要因素。同时，材料表面适当的亲水—疏水平衡有利于提高材料的抗凝血能力和细胞亲和性，也会影响细胞的行为。通常，疏水性表面对蛋白质的吸附能力较强。决定材料血液相容性的一个重要参数是界面自由能。超疏水性的表面，其界面自由能低，与血液中各成分的相互作用较小，显示出较好的抗凝血性。亲水表面界面自由能较高，但材料与血液间的亲和力使得界面自由能大大降低，从而减少了材料表面与血液中各组分的吸附及其他相互作用。因此，高度疏水与高度亲水对抗凝血均有利。但是，材料表面的疏水性强，会严重影响其与细胞的亲和性。因此，综合考虑材料的血液相容性和细胞亲和性，纳米纤维基质需要具备一定的亲水—疏水平衡。材料表面的亲疏水性通过接触角评价。

图 6-27 为不同壳聚糖含量的胶原蛋白/壳聚糖纳米纤维膜与水的接触角随时间变化的关系。可以看出，只有胶原蛋白纤维膜存在接触角，大约为 65°；对于壳聚糖纤维膜和胶原蛋白/壳聚糖复合纤维膜，均是水滴一滴到膜表面就铺展开来。随着壳聚糖含量的增加，铺展时间减少：在壳聚糖含量为 20% 时，铺展时间为 2.5s 左右；当壳聚糖含量增加到 50% 及以上时，铺展时间减少到 1s 以内。这可能因为接触角不仅和纤维膜的材料有关，还和材料表面的粗糙程度及孔隙率有关。随着壳聚糖含量增加，纤维膜表面粗糙度及蓬松度都增加，孔隙率也增加。这都可能导致水滴在膜表面更易浸润而铺展开。由此看出，胶原蛋白/壳聚糖纳米纤维膜大多具有很好的亲水性。

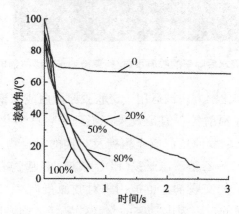

图 6-27　不同壳聚糖含量的胶原蛋白/壳聚糖纳米
纤维膜与水的接触角随时间变化的关系

6.4　胶原蛋白/壳聚糖复合纳米纤维的交联

胶原蛋白/壳聚糖纳米纤维的耐水性差，在水溶液中，由于有一定的水溶性而难以保持纳米纤维形态，同时，其力学性能也不够强。因此，在作为生物材料特别是组织工程支架材料使用的过程中，为了长时间保持胶原蛋白/壳聚糖纳米纤维形态，同时改善纳米纤维膜的力学性能，需要对胶原蛋白/壳聚糖纳米纤维薄膜进行交联处理。

6.4.1 交联

图 6-28 为滴了一滴水再晾干的胶原蛋白/壳聚糖纳米纤维膜的扫描电镜照片（纤维膜中壳聚糖含量为 50%），可以看出，在浸水以后，纤维膜不再保持纤维形态，只有模糊的纤维影像存在。考虑到纤维膜的力学性能也需要加强，因此对胶原蛋白/壳聚糖纳米纤维膜进行交联是必要的。

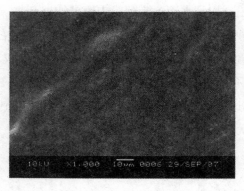

图 6-28　滴水后晾干的胶原蛋白/壳聚糖纳米纤维扫描电镜照片

文献报道，有些物理和化学方法被运用于交联胶原蛋白或壳聚糖及其混合物。物理方法包括热脱水处理和紫外线辐射等，但是效果都不理想。许多化学试剂，如甲醛、戊二醛、碳二酰亚胺等被用于交联胶原蛋白或壳聚糖及它们的混合物。戊二醛–甲苯的饱和溶液和 1-（3-二甲氨基丙基）-3-乙基碳二亚胺（EDC）在 N-羟基琥珀酰亚胺（NHS）和 2-N-L 啡啉乙磺酸（MES）缓冲溶液的交联剂，也被用来对胶原蛋白/壳聚糖乙酸溶液进行交联。其中，戊二醛是应用最广泛的，因为戊二醛的交联效果好，价格比较便宜，交联时间短，工艺比较简单。尽管有报道其他交联剂的毒性比较低，但是它们的交联效果不能和戊二醛相比，并且戊二醛的毒性可以通过降低戊二醛的浓度和经过一定处理加以改善。研究室选择戊二醛作交联剂，由于胶原蛋白/壳聚糖纳米纤维膜接触水以后，不能保持纤维状态，因此在密闭干燥器中选取 25% 的戊二醛水溶液进行蒸气交联。

将经过不同时间交联的胶原蛋白和壳聚糖纳米纤维膜分别浸入 37℃ 去离子水中浸泡不同时间，根据其水溶性选择最佳交联时间，结果归纳于表 6-2 和表 6-3。

表 6-2　胶原蛋白纳米纤维膜的耐水性能

浸泡时间/天	交联时间				
	6h	12h	1 天	2 天	3 天
1	Y	Y	Y	Y	Y
2		Y	Y	Y	Y
3			Y	Y	Y

注　Y 表示纤维膜在浸泡处理后仍能保持良好的纤维形态。

表 6-3　壳聚糖纳米纤维膜的耐水性能

浸泡时间/天	交联时间				
	6h	12h	1 天	2 天	3 天
1	Y	Y	Y	Y	Y
2			Y	Y	Y
3			Y	Y	Y

注　Y 表示纤维膜在浸泡处理后仍能保持良好的纤维形态。

从以上两表可以看出，交联 12h 就可以保证胶原蛋白纤维膜在水中浸泡 3 天仍保持纤维形态，交联 1 天可以保证壳聚糖纤维膜在水中浸泡 3 天仍保持纤维形态。所以，交联 1 天即可保证壳聚糖和胶原蛋白纳米纤维膜在水中浸泡 3 天都不溶于水，仍能保持良好的纤维形态。为了更好地保证交联效果，最终选定交联时间为 2 天。

6.4.2　交联后纤维性能

6.4.2.1　形貌

为了考察胶原蛋白/壳聚糖纳米纤维膜交联后的耐水性，拍摄了交联后未浸水和浸水 4d 的纤维膜的扫描电镜照片，如图 6-29 所示。可以看出，由于交联剂，即戊二醛水溶液中含有水，所以交联后的胶原蛋白/壳聚糖纳米纤维膜中的纤维发生轻微的溶胀，尤其是纯胶原蛋白纤维膜和含胶原蛋白较多的纤维膜。交联后纤维膜的耐水性能大幅度提高。在水中浸泡 4 天以后，除了纯胶原蛋白纤维膜有明显溶胀较多以外，其余纤维膜均变化不大或只是轻微溶胀。所以，交联作用很明显地满足了纤维膜保持纳米纤维结构，可以满足仿生组织细胞外基质的需要。

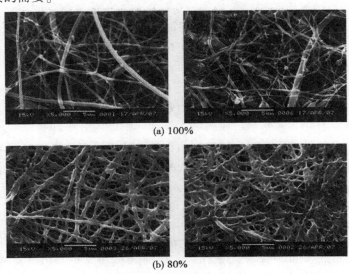

(a) 100%

(b) 80%

图 6-29

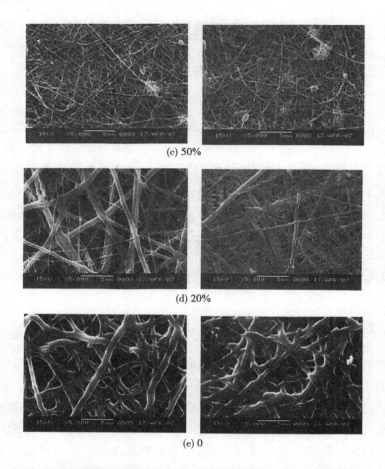

(c) 50%

(d) 20%

(e) 0

图 6-29　不同壳聚糖含量的胶原蛋白/壳聚糖纳米纤维膜的扫描电镜照片

6.4.2.2　力学性能

一般来说，材料经过交联，其力学性能会发生很大变化。本小节讨论交联前后的胶原蛋白/壳聚糖纳米纤维膜的力学性能。

图 6-30 为不同壳聚糖含量的胶原蛋白/壳聚糖纳米纤维膜交联前后的力学性能比较。从图 6-30(a) 可以看出，交联后纤维膜的平均断裂强度都有不同程度的提高。但是，交联后纤维膜的平均断裂延伸度表现为纯胶原蛋白纳米纤维膜和纯壳聚糖纳米纤维膜增加，复合纳米纤维膜都减小，如图 6-30(b) 所示。原因可能是，交联剂戊二醛增加了胶原蛋白分子之间的相互作用，加上胶原蛋白纤维膜比较致密，故其断裂强度增加；同时，由于交联时胶原蛋白纤维膜的收缩最大，且其为三螺旋结构，因此平均断裂延伸度也上升。对于壳聚糖纤维薄膜，通过戊二醛交联后，分子之间和纤维之间的相互作用增强，使得纤维的断裂和纤维之间的滑脱变得不容易，导致其平均断裂延伸度稍有增加。对于复合纳米纤维膜，壳聚糖的加入阻碍了共混组分的连续相，同时，胶原蛋白-戊二醛-壳聚糖之间强烈的

相互作用使得这种两相结构稳定下来，故断裂延伸度降低。和断裂强度一样，交联后复合纤维膜的平均弹性模量也得到不同程度的提升，如图 6-30(c) 所示。因此，交联后，胶原蛋白/壳聚糖纳米纤维膜的某些力学性能得到提升。

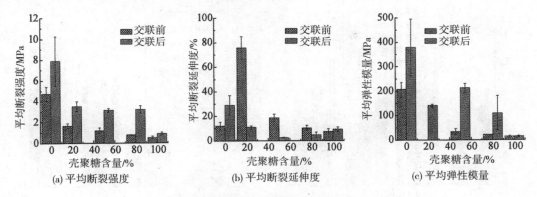

图 6-30　胶原蛋白/壳聚糖纳米纤维膜交联前后的力学性能比较

6.5　胶原蛋白/壳聚糖复合纳米纤维的生物相容性

生物相容性是指医用生物材料与肌体之间因相互作用所产生的各种复杂的物理、化学和生物学反应，以及肌体对这些反应的忍受程度。研究室采用体外细胞培养法评价胶原蛋白/壳聚糖纳米纤维仿生材料的生物相容性。

6.5.1　内皮细胞的黏附和增殖

图 6-31 所示为内皮细胞在胶原蛋白/壳聚糖纳米纤维支架上的黏附情况。可以看出，内皮细胞可以黏附到各种比例的胶原蛋白/壳聚糖纳米纤维支架上，虽然随着胶原蛋白/壳聚糖质量比的变化，黏附效果有所差异，但都优于作为对照的盖玻片和培养板。

MTT 比色法是一种检测细胞存活和生长的简便方法。研究室利用此方法测定内皮细胞在胶原蛋白/壳聚糖纳米纤维支架上的增殖情况。细胞增殖试验的种植密度为 4×10^3 个/cm^2。通过考察细胞在不同支架上 1 天、3 天、5 天和 7 天的生长情况，研究细胞在支架上的增殖情况，如图 6-32 所示。可以看出，随着纤维支架中胶原蛋白/壳聚糖质量比的变化，内皮细胞增殖结果有所差异，但其在各种质量比的胶原蛋白/壳聚糖纳米纤维支架上都能很好地增殖。

在不同质量比的胶原蛋白/壳聚糖纳米纤维支架上种植内皮细胞，种植密度为 5×10^3 个/cm^2，培养 3 天，经过处理拍摄扫描电镜照片，观察内皮细胞在纳米纤维支架上的形貌，如图 6-33 所示。可以看出，内皮细胞在支架上都可以很好地黏附、生长和增殖，并且可以观察到有些支架上的细胞已长入支架的内部，形成立体迁移和生长。

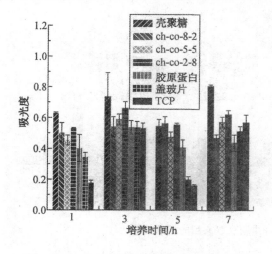 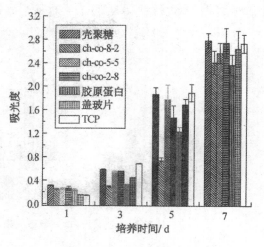

图 6-31　内皮细胞在胶原蛋白/壳聚糖纳米
纤维支架上的黏附情况
（ch-co-x-y 代表壳聚糖/胶原蛋白质量比为 x/y，
细胞种植密度为 4.25×10^4 个/cm^2）

图 6-32　内皮细胞在胶原蛋白/壳聚糖纳米
纤维支架上的增殖情况
（ch-co-x-y 代表壳聚糖/胶原蛋白质量比为 x/y，
细胞种植密度为 4×10^3 个/cm^2）

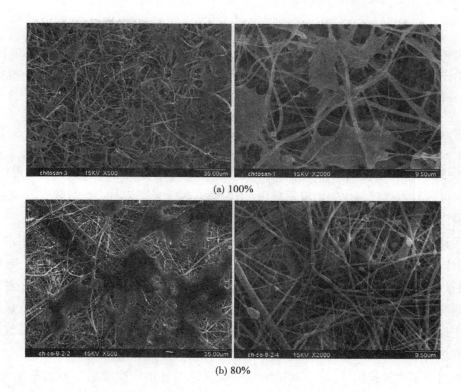

(a) 100%

(b) 80%

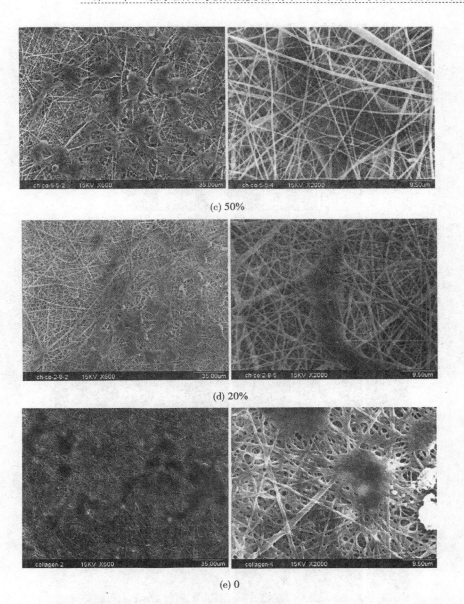

图 6-33　不同壳聚糖含量的胶原蛋白/壳聚糖纳米纤维支架上的内皮细胞扫描电镜照片

6.5.2　平滑肌细胞的增殖

　　和内皮细胞相似，平滑肌细胞在胶原蛋白/壳聚糖纳米纤维材料上也有很好的增殖行为。图 6-34 和图 6-35 反映了平滑肌细胞在不同胶原蛋白/壳聚糖配比的纳米纤维材料上的增殖情况，可以看出，平滑肌细胞都可以很好地黏附、生长和增殖，并且细胞可以长入纤维材料的内部，形成立体迁移和生长。

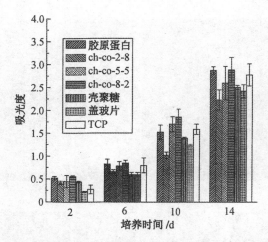

图 **6-34** 平滑肌细胞在胶原蛋白/壳聚糖纳米纤维材料上的增殖情况

（ch-co-x-y 代表壳聚糖与胶原蛋白的质量比为 x/y，细胞种植密度为 3×10^4 个/cm²）

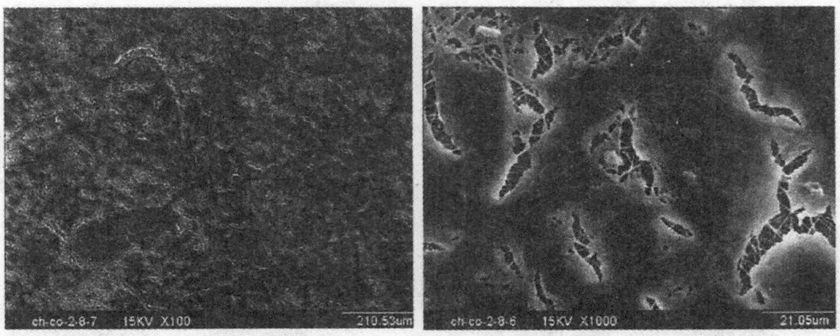

(d) 20%

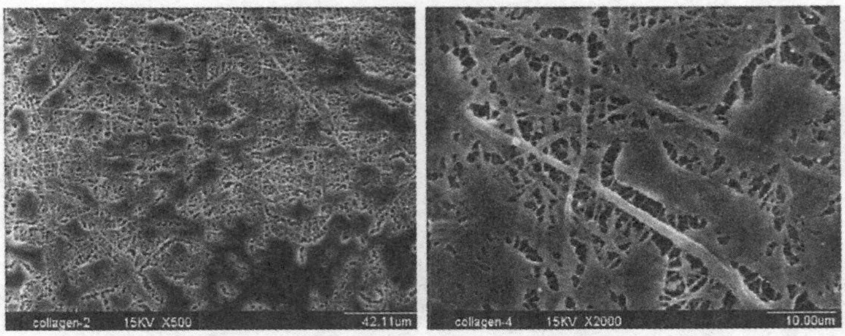

(e) 0

图 6-35　不同壳聚糖含量的胶原蛋白/壳聚糖纳米纤维材料上的平滑肌细胞的扫描电镜照片

6.6　胶原蛋白/壳聚糖复合纳米纤维用于皮肤修复与再生

意外损伤和外科手术都会造成皮肤创伤。任何原因造成的皮肤连续性破坏及缺失性损伤，都必须及时予以闭合，否则会产生创面的急性或慢性感染及相应的并发症。目前为止，修复治疗效果最好的方法是自体组织移植，但是存在"二次手术损伤"和供体来源有限的问题，限制了其应用。因此，人们试图通过仿生材料替代自体组织来修复受损皮肤。研究室用胶原蛋白/壳聚糖复合纳米纤维仿生材料进行皮肤损伤的修复与再生。

6.6.1　皮肤细胞的培养

用蚕丝蛋白/壳聚糖(质量比为 80∶20)纳米纤维和细胞培养板作为参照，研究老鼠皮肤成纤维细胞与角质细胞在胶原蛋白/壳聚糖复合纳米纤维上的生长行为。从图 6-36 可以看出，无论是成纤维细胞还是角质细胞，它们在胶原蛋白/壳聚糖复合纳米纤维和蚕丝蛋白/壳聚糖复合纳米纤维上的增殖情况都优于细胞培养板。同时，在相同条件下，胶原蛋白/壳聚糖复合纳米纤维上的细胞增殖情况比蚕丝蛋白/壳聚糖复合纳米纤维上的细胞增殖情况好。

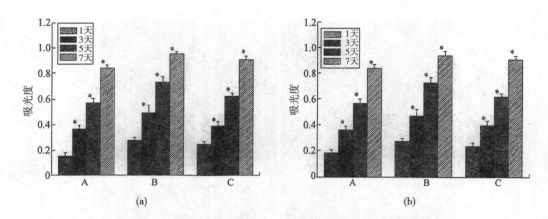

图6-36　成纤维细胞(a)和角质细胞(b)在纳米纤维材料上的增殖情况

A—空白对照　B—胶原蛋白/壳聚糖纳米纤维组　C—丝素蛋白/壳聚糖纳米纤维组

($*p<0.05$ ，细胞增殖在不同天数时有显著性差异)

图6-37显示了两种细胞在纤维材料上培养7天后的黏附情况，可以看出细胞紧紧地贴附在材料上，比细胞培养板有更好的铺展面积，材料与细胞有很好的相互作用。

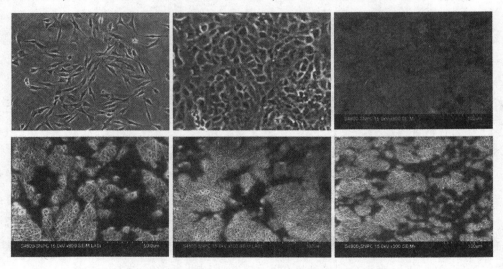

图6-37　细胞在纤维材料上培养7天后的黏附情况

6.6.2　皮肤修复与再生

在小鼠背部切一个 $(2×1.5)\,cm^2$ 的皮肤损伤缺损部位，作为试验组，植入纳米纤维材料，研究胶原蛋白/壳聚糖纳米纤维材料对皮肤修复与再生的作用，采用丝素蛋白/壳聚糖纳米纤维和空白处理作为参照组。

从图6-38和图6-39可以看出，经过14天的修复，伤口逐渐缩小，皮肤损伤逐渐修复。

在修复过程中，第3天时，伤口表面很干净，没有感染迹象，伤口边缘有轻微的收缩，3种材料的修复效果没有显著差异[图6-38(a)]。用苏木精—伊红组织染色后发现伤口处暴露大量毛细血管，较多的中性粒细胞侵入伤口处，伤口表面有较多坏死组织[图6-39(a)]。7天时，用胶原蛋白/壳聚糖纳米纤维处理的伤口表面很干净，没有感染迹象，伤口边缘强烈收缩；用丝素蛋白/壳聚糖纳米纤维处理的伤口表面的洁净度相对较差，但也没有感染迹象，这两组皮肤伤口都有较大程度的修复。空白对照组的伤口依然较差，修复效果最差[图6-38(b)]。用苏木精—伊红组织染色显示，伤口处的暴露毛细血管和中性粒细胞减少[图6-39(b)]。14天时，用胶原蛋白/壳聚糖纳米纤维和丝素蛋白/壳聚糖纳米纤维处理的伤口表面很干净，没有感染迹象，已经长痂，伤口边缘剧烈收缩，互相接近，伤口进一步变小，接近完全修复。空白对照组的修复效果较差，伤口面积比较大[图6-38(c)]。组织分析显示，两种材料组中伤口暴露毛细血管和中性粒细胞进一步减少，上皮组织形成。结果显示胶原蛋白/壳聚糖纳米纤维和丝素蛋白/壳聚糖纳米纤维都有较好的皮肤损伤修复效果。

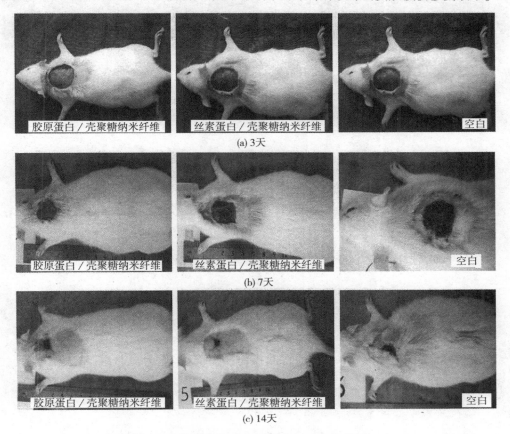

图6-38　不同材料对小鼠皮肤损伤的修复(试验组)

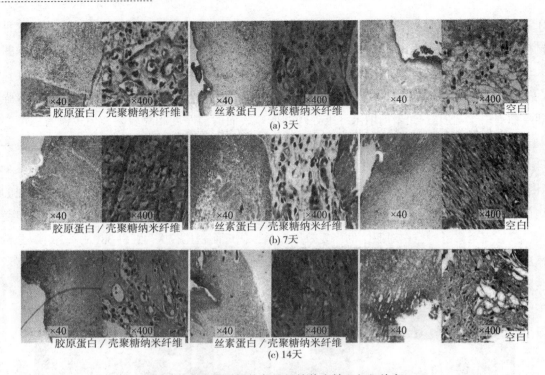

图 6-39　小鼠受损修复组织的苏木精—伊红染色

第 7 章

丝素蛋白/P(LLA-CL)复合纳米纤维及其在神经组织再生中的应用

7.1 引言

7.1.1 丝素蛋白

蚕丝由丝素蛋白和丝胶蛋白两部分组成,其中丝胶蛋白包裹在丝素蛋白的外部,约占25%;丝素蛋白是蚕丝的主要组成部分,约占70%;杂质约占5%。丝素蛋白主要由甘氨酸(Gly,43%)、丙氨酸(Ala,30%)和丝氨酸(Ser,12%)等氨基酸组成。丝素蛋白除了碳、氢和氮3种元素外,还含有微量的铜、钾、钙、锶、磷、铁、硅等元素。这些元素与丝素蛋白的性能及蚕的吐丝机理等有紧密的联系。

丝素蛋白是一种天然的纤维蛋白质。随着基因技术和测试技术的快速发展,对于丝素蛋白分子链组成的认识日趋成熟,目前认为丝素蛋白是由3个亚单元组成的复合蛋白质,包括:

①重链(H链),蛋白亚单元,H链主要由丙氨酸、甘氨酸和丝氨酸等组成,是由5263个氨基酸残基组成的长链状分子,平均相对分子质量为3.5×10^5。

②轻链(L链),亚单元,由262个氨基酸残基组成,平均相对分子质量为2.5×10^4,重链和轻链之间通过二硫键相连。

③P25 蛋白，平均相对分子质量为 2.5×10^4，与 L 链的相对分子质量相近，但氨基酸组成完全不同，并且不与 H 链形成共价键结合，仅通过其他非共价键结合，作为丝素蛋白的微量成分存在。

组成重链的 12 个结构域形成蚕丝纤维的结晶区。但是，这些结晶区被无重复单元的主序列打散，所以纤维中只有少数有序的结构域。纤维中的结晶结构域由甘氨酸—丙氨酸-X 氨基酸的重复单元组成，X 代表甘氨酸（Gly）、丝氨酸（Ser）、苏氨酸（Thr）和缬氨酸（Val）。在蚕丝纤维中，一个结晶结构域平均由 381 个氨基酸残基组成。每个结构域包含多个六缩氨酸组成的次级结构域。这些六缩氨酸包括 GAGAGS、GAGAGY、GAGAGA 或 GAGYGA，其中 G 为甘氨酸、A 为丙氨酸、S 为丝氨酸、Y 为酪氨酸。这些次级结构域以四缩氨酸结尾，如 GAAS 或 GAGS。丝素蛋白重链中较少结晶形成的区域，也被称为连接区，长度为 42~44 个氨基酸残基，所有的连接区都有一个完全相同的 25 个氨基酸残基（非重复序列），这些氨基酸残基由结晶区没有的带电荷的氨基酸组成。主序列是形成具有天然嵌段共聚物类似结构的疏水蛋白的主要原因。

丝素蛋白分子构象主要有无规线团、α-螺旋、β-折叠，主要以 Silk Ⅰ 型和 Silk Ⅱ 型结晶形式。Silk Ⅰ 型分子链主要以无规线团、α-螺旋构象存在；Silk Ⅱ 型分子链主要以反平行 β-折叠构象存在。在温度和溶剂影响下，Silk Ⅰ 型易向 Silk Ⅱ 型转变。Silk Ⅰ 型是水溶性的，当 Silk Ⅰ 型在甲醇或氯化钾溶液中时，可以观察到由无规线团、α-螺旋转变为 β-折叠结构。β-折叠结构是由一侧为甘氨酸的氢和另一侧为丙氨酸的疏水性甲基形成的非对称结构组成，导致氢和甲基相互作用在晶区形成内折叠；强有力的氢键和范德瓦耳斯力产生的结构是热力学稳定的，氨基酸的分子内和分子间氢键垂直于分子链和纤维。由于 β-折叠是一种排列规整的结构，因而 Silk Ⅱ 型不溶于水，同时不溶于多种溶剂，包括弱酸和碱性溶液及一些离子液体。Valluzzi 等报道在空气—水界面形成的超薄膜中观察到丝素蛋白的第三种结晶结构，被称为 Silk Ⅲ 结晶形式，它的构象为 32-螺旋的六角形堆积，认为是 Silk Ⅰ 型转变成 Silk Ⅱ 型过程中的一种中间态。

由于丝素蛋白是一种自然界非常丰富的天然蛋白质，具有良好的生物相容性、生物可降解性、透气性、透湿性、无免疫原性等优点，近年来被广泛应用于组织工程领域，所制备的支架有水凝胶、多孔膜、多孔海绵、纤维等，主要应用于皮肤、骨、软骨、肌腱、神经导管、血管等组织的修复和再生。

7.1.2 乳酸-己内酯共聚物

乳酸-己内酯共聚物为 L-乳酸和 ε-己内酯的共聚物[P(LLA-CL)]，通常以丙交酯和己内酯作为单体通过聚合获得。P(LLA-CL)有无规共聚物和嵌段共聚物。PCL 的玻璃化转变温度低($T_g = -60℃$),分子链柔顺,易于加工,但力学强度低,降解速率慢。PLLA 的玻璃化转变温度高($T_g = 56℃$),力学强度高、刚性好、降解速率较快。因此,可以通过调节 L-乳酸和己内酯的摩尔比来控制 P(LLA-CL)的性能,使其具有更优异的生物可降解性能、力学性能及生物相容性。P(LLA-CL)可制备成纤维、纳米纤维支架、多孔支架、水凝胶、胶囊等,广泛用于外科手术缝合线、假体移植、药物载体及组织工程支架等生物医学领域。目前,静电纺 P(LLA-CL)纳米纤维越来越受到人们的关注,尤其是作为血管支架的研究。合成聚合物最大的缺点是缺少细胞结合位点,丝素蛋白纳米纤维的力学性能差,两者结合可发挥其优点,同时克服其缺点,制备出既具有良好的生物相容性又具有更好的力学和化学性能的理想组织工程支架,用于软组织的修复和再生。

7.2　丝素蛋白/P(LLA-CL)复合纳米纤维的制备及性能

7.2.1　纺丝液浓度的影响

固定其他静电纺工艺参数(纺丝电压 10kV,接收距离 13cm,给液速率 1.2mL/h),配制浓度为 4%、6%、8%、10% 和 12% 的丝素蛋白/P(LLA-CL)共混溶液,溶剂采用六氟异丙醇,丝素蛋白与 P(LLA-CL)的质量比为 50∶50,研究纺丝液浓度对纤维形貌及直径的影响。图 7-1 为不同纺丝液浓度下制备的静电纺纳米纤维的扫描电镜照片及纤维直径分布情况。可以发现,当纺丝液浓度为 4% 时,有少量的纤维上有串珠;当纺丝液浓度从 6% 增加到 12%,得到的是无串珠的纤维。从纤维平均直径和标准偏差看,随着纺丝液浓度从 4% 增加到 12%,纤维的平均直径从 94nm 增大到 404nm。在静电纺过程中,浓度增加导致溶剂的量减少,引起溶剂挥发所需时间及纤维成型所需时间,即纤维受电场力拉伸的时间变短,因此所得纤维直径增大。在尼龙和聚醚砜静电纺过程中,也有相似的现象。当纺丝液浓度为 12% 时,纤维平均直径和标准偏差显著增加,原因是更大的纺丝液浓度导致更多的聚合物分子之间相互缠结。纺丝液浓度分别为 6%、8% 和 10% 时,纤维平均直径相差不大;纺丝液浓度为 8% 时,纤维直径标准偏差最小。Christopherson 等报道,纤维平均直径为 200nm 时更有利于细胞黏附、增殖和迁移。因此,选择 8% 的纺丝液浓度作为丝素蛋白/P(LLA-CL)不同质量比的共混物的总浓度。

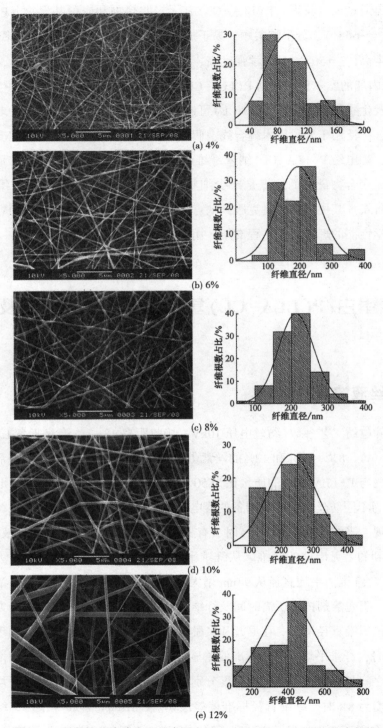

图 7-1 不同纺丝液浓度下丝素蛋白/P(LLA-CL)(50∶50)纳米纤维
扫描电镜照片及纤维直径分布情况

7.2.2 丝素蛋白/P(LLA-CL)质量比的影响

图 7-2 为不同质量比(100∶0、75∶25、50∶50、25∶75、0∶100)的丝素蛋白∶
P(LLA-CL)纳米纤维的扫描电镜照片和纤维直径分布情况。纯的 P(LLA-CL)纳米纤维有
更大的纤维直径和更宽的直径分布。从扫描电镜照片可以看出,纤维与纤维之间具有交联
的网络结构。P(LLA-CL)的主链主要由饱和单键(—C—C—)构成,因为分子链可以围绕
单键进行内旋转,具有较低的玻璃化转变温度,因而分子链段具有很好的柔顺性,使得其
分子链较易移动,表现为很好的弹性,当纳米纤维堆积在铝箔上,同时溶剂挥发不完全,
P(LLA-CL)分子链段相互移动并黏结在一起。随着丝素蛋白含量的增加,纤维直径从
646nm 减小到 131nm。其原因是随着丝素蛋白含量增加,纺丝液的导电性提高。丝素蛋白
是典型的两性大分子电解质,由疏水嵌段和亲水嵌段组成:疏水嵌段是高度重复的序列,
由短的侧链氨基酸(如甘氨酸、丙氨酸、丝氨酸)组成;亲水嵌段是更复杂的序列,由大的
侧链氨基酸和带电荷的氨基酸组成。因此,随着丝素蛋白的加入,离子增多,增加纺丝液
的导电性。另一方面,纺丝液的电荷密度增加能增大静电场拉伸力,产生更细的纤维。

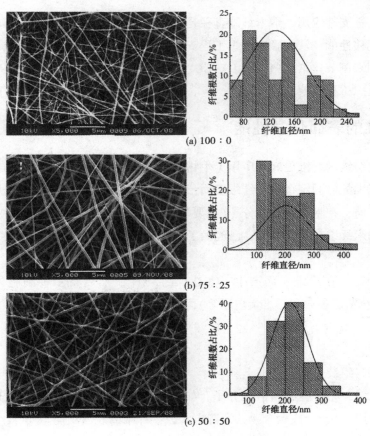

图 7-2

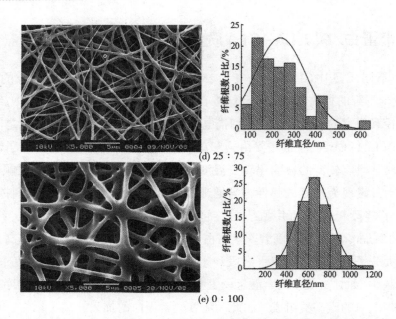

图 7-2 不同质量比下丝素蛋白/P(LLA-CL)纳米纤维扫描电镜照片及纤维直径分布情况

对于组织工程支架应用，纳米纤维直径是一个重要因素，它直接影响细胞在支架上的黏附、增殖及迁移性能，从而影响组织工程支架的构建。研究室发现可以通过控制纺丝液浓度和组分比例来调节丝素蛋白/P(LLA-CL)静电纺复合纤维的直径，以便构建理想的仿生细胞外基质组织工程支架。

7.2.3　纤维的表面化学性能

为了将静电纺纳米纤维更好地应用于生物医学领域，通过物理或化学的方法将生物活性分子和细胞识别配体固定在纳米纤维表面，为细胞和组织与材料接触时提供生物调节或仿生微环境。目前，在将生物活性分子(主要包括蛋白质、核酸和碳水化合物等)固定在纳米纤维上实现纳米纤维功能化方面，已经做了大量研究。主要采用以下方法对纳米纤维进行功能化：

①等离子处理，在纤维表面产生—COOH 或—NH_2，然后将多种细胞外基质蛋白质(如明胶、胶原、粘连蛋白和纤维蛋白原等)固载在处理后的纤维表面；

②表面接枝；

③物理吸附；

④分子层层自组装；

⑤共混静电纺，将一些生物活性分子，如各种蛋白质(明胶、胶原、粘连蛋白、丝素蛋白、纤维蛋白原等)与合成聚合物共混静电纺改善纤维的表面功能。

大量研究表明，生物材料表面的功能基团(如—NH_2、—COOH、—OH 及—SO_3H)能控制细胞的生长或分化, 如能促进人体的成骨细胞、成纤维细胞和间充质干细胞的黏附和分化等。除此之外, 表面化学能调控细胞基质黏附的结构和分子组成及黏附斑激酶(FAK)信号。Ren 等研究发现不同的化学官能团对神经干细胞的生长影响不同。对细胞迁移的影响大小顺序为—NH_2>—COOH>—SH[—SO_3H]>—CH_3>—OH。有—SO_3H 的表面更有利于细胞分化成少突胶质细胞, 而有—COOH、—NH_2、—SH 和—CH_3 的表面有能力分化成神经元、形状胶质细胞和少突胶质细胞。因此, 生物材料表面的功能基团对于细胞的黏附、迁移和分化都非常重要。

纳米纤维的表面化学(即表面的元素含量)可通过 X 射线光电子能谱(XPS)分析。图 7-3 所示为丝素蛋白、丝素蛋白/P(LLA-CL)(50∶50)及 P(LLA-CL)所制备的 3 种纳米纤维的 XPS 能谱图。丝素蛋白纳米纤维、丝素蛋白/P(LLA-CL)纳米纤维的 XPS 能谱图上出现了三个峰, 分别是 Cls(结合能为 285eV)、N1s(结合能为 399eV)和 O1s(结合能为 531eV), 而 P(LLA-CL)纳米纤维的 XPS 能谱图上没有出现 N1s 峰。从 XPS 能谱图可得出 3 种纳米纤维表面的碳、氧和氮元素含量(表 7-1)。在丝素蛋白纳米纤维表面, 碳、氧和氮元素含量分别为 58.34%、24.07%和 17,59%。在丝素蛋白/P(LLA-CL)(50∶50)纳米纤维表面, 碳、氧和氮元素含量分别 59.20%、25.61%和 15.19%。和丝素蛋白纳米纤维相比, 丝素蛋白/P(LLA-CL)(50∶50)纳米纤维表面的碳和氧元素含量仅增加 0.86%和 1.54%, 氮元素含量减少 2.4%。这些结果表明丝素蛋白主要分布在纤维表面。He 等将胶原蛋白与 P(LLA-CL)共混静电纺时也发现胶原蛋白主要分布在纤维表面。合成聚合物[如 PGA、PLLA、PLGA 和 P(LLA-CL)等]都是生物惰性的, 不具有生物学功能, 缺少细胞结合位点。丝素蛋白是一种天然蛋白质, 具备有生物活性功能的基团(如—NH_2、—COOH 和—OH), 引入纤维能为细胞提供结合位点, 促进细胞和材料的相互作用。

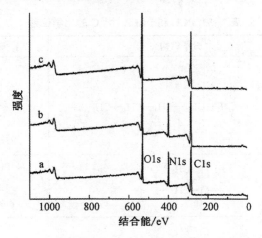

图 7-3　纤维的 XPS 谱图

a—丝素蛋白纳米纤维　b—丝素蛋白/P(LLA-CL)(50∶50)纳米纤维　c—P(LLA-CL)纳米纤维

表 7-1　纤维表面的 C、O、N 元素含量

纤维种类	元素含量/%		
	C	O	N
丝素蛋白纳米纤维	58.34	24.07	17.59
P(LLA-CL)纳米纤维	65.90	34.10	0.00
丝素蛋白/P(LLA-CL)(50/50)纳米纤维	59.20	25.61	15.19

7.2.4　^{13}C CP/MAS 核磁共振分析

近年来，由于蛋白质中各向同性^{13}C 核磁共振(NMR)的化学位移对二级结构很敏感，固态^{13}C CP/MAS NMR 成为分析聚合物包括多肽和蛋白质微细结构的有效手段。前面已经提到蚕丝的丝素蛋白的构象主要为无规线团(Silk Ⅰ)和β-折叠(Silk Ⅱ)。丝素蛋白的构象可以利用甘氨酸、丙氨酸及丝氨酸中^{13}C 的化学位移表征，尤其是丙氨酸中 C^β 的化学位移对丝素蛋白的构象特别敏感。为了更好地分析^{13}C NMR 谱，将文献报道的丝素蛋白的 Silk Ⅰ 和 Silk Ⅱ 中主要氨基酸^{13}C 的化学位移列于表 7-2 中，将文献报道的 PCL 和 PLLA 中各种^{13}C 的化学位移列于表 7-3 中。

表 7-2　丝素蛋白的主要氨基酸中^{13}C 的化学位移

项目	丙氨酸(Ala)		甘氨酸(Gly)		丝氨酸(Ser)
	C^α	C^β	C^α	C^β	C^α
Silk Ⅱ	48.6~49.7	18.5~20.2	42.8~43.9	63.1~64.1	53.1~54.8
Silk Ⅰ	49.7~52.6	14.5~17.5	42.6~43.8	59.0~61.0	54.0~56.8

表 7-3　PCL 和 PLLA 中^{13}C 的化学位移

项目	分子结构	碳	化学位移/ppm
PCL	┤C—O—CH₂—CH₂—CH₂—CH₂—CH₂├ₙ (1 2 3 4 5 6)	1	175.0
		2	66.0
		3	29.8
		4, 5	26.7
		6	34.8
PLLA	┤O—CH—C├ₙ (CH₃ O)	CH₃	16.7
		—CH—	69.0
		C=O	169.6

图 7-4 为丝素蛋白纳米纤维、P(LLA-CL)纳米纤维及丝素蛋白/P(LLA-CL)纳米纤维的^{13}C CP/MAS NMR 谱图。在 P(LLA-CL)纳米纤维的^{13}C CP/MAS NMR 谱图上，171.0、169.7 分别为共聚物中两种羰基碳的化学位移；17.1、69.9 分别为左旋乳酸的甲基和亚甲

基碳的化学位移；64.4、33.8 为己酯的 C2 和 C6 的亚甲基碳的化学位移；28.7 为 C3 的化学位移；25.5 为 C4、C5 的化学位移。在丝素蛋白的^{13}C CP/MAS NMR 谱图上，172.2、60.6、50.9、43.3 分别为丝素蛋白的羰基碳、丝氨酸的 C^β、丙氨酸的 C^α、甘氨酸的 C^α 的化学位移；16.8 为丙氨酸的 C^β 的化学位移。从表 7-4 可以看到，两种物质以不同比例共混后，172.3～170.0 为两种物质中羰基碳贡献的化学位移，没有出现双峰；16.5 为两种物质中甲基贡献的化学位移。同时发现有的碳的化学位移基本不变，而有的碳的化学位移发生不同程度的移动，如丝氨酸的 C^β、丙氨酸的 C^α 及 P(LLA-CL)中 PLLA 的亚甲基、C2、C4 和 C5。原因可能是两种物质在强极性的溶剂中共混，分子链之间会产生一定的相互作用，使得碳周围的化学微环境发生某种程度的变化，引起化学位移的变化。从丙氨酸的 C^β 和 C^α 的化学位移来看，共混后，丝素蛋白主要仍以无规线团构象存在。

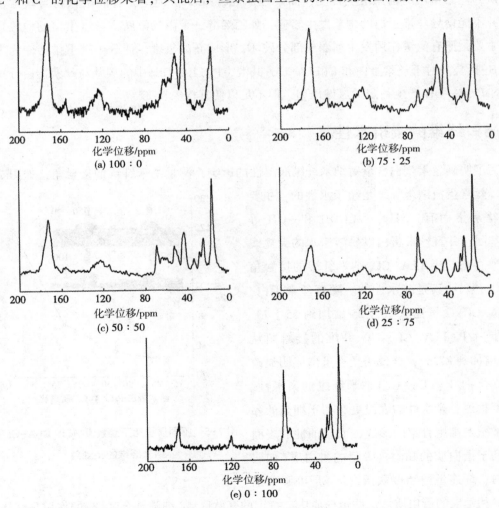

图 7-4 不同质量比下丝素蛋白/P(LLA-CL)纳米纤维的^{13}C CP/MAS NMR 谱图

表 7-4　不同质量比下丝素蛋白/P(LLA-CL)纳米纤维的¹³C的化学位移

丝素蛋白/P(LLA-CL)质量比	C=O	Cᵅ(Gly)	Cᵝ(Ser)	Cᵅ(Ala)	Cᵝ(Ala), CH₃(PLLA)	C(PLLA)	C2	C3	C4, C5	C6
100:0	172.2	43.1	60.6	50.9	16.8					
75:25	172.0	42.7	61.8	50.6	16.5	68.7	—	28.3	24.7	33.6
50:50	172.3	43.0	61.6	52.3	16.5	69.0	63.5	28.3	24.8	33.7
25:75	170.9	42.7	—	52.3	16.5	69.1	64.2	28.3	25.0	33.5
0:100	173.2, 169.5				17.1	69.9	64.4	28.6	25.5	33.8

为了改善丝素蛋白的力学性能，通常与其他合成高分子材料共混。有的合成高分子材料能诱导丝素蛋白的构象发生转变，如聚羟亚烃、PLLA。但是，有的聚合物与丝素蛋白共混并不能诱导丝素蛋白的构象发生转变，如乙烯醇、聚丙烯酰胺。丝素蛋白的构象转变机理主要是原有氢键作用发生削弱或部分破坏，形成新的氢键，使分子链重排转变为更稳定的β-折叠。对于丝素蛋白和P(LLA-CL)共混，P(LLA-CL)中的羰基与丝素蛋白分子中的—NH₂或—OH产生一定的氢键作用，但不足以使其构象转变。

7.2.5　纤维的亲疏水性

为了明确丝素蛋白含量对纳米纤维润湿性的影响，测量纳米纤维的接触角，如图7-5所示。丝素蛋白纳米纤维是超亲水性的，主要因为丝素蛋白有—NH₂、—COOH和—OH等亲水基团，并且丝素蛋白以易溶于水的无规线团构象存在。P(LLA-CL)纳米纤维的接触角为120°，表明其是疏水性的。随着丝素蛋白/P(LLA-CL)质量比从75:25增加到25:75，丝素蛋白/P(LLA-CL)纳米纤维的接触角从75.5°增加到87.9°，这说明丝素蛋白能明显改善丝素蛋白/P(LLA-CL)纳米纤维的亲水性。据文献报道，亲水性的表面更有利于细胞的黏附、增殖及细胞骨架的形成，而亲油性的表面更有利于蛋白质的黏附。吸附的蛋白质(如层黏蛋白、纤连蛋白和玻联蛋白等)是可调节细

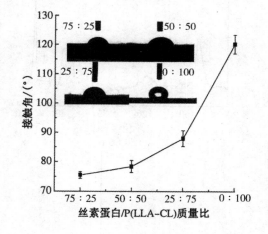

图 7-5　不同质量比下丝素蛋白/P(LLA-CL)纳米纤维的接触角

胞接触和延展的蛋白质。这些蛋白质中，特定的寡肽区域(细胞键合区域)的作用与配体的作用相似，可特别识别并与细胞表面的整联蛋白受体键合。因此，支架材料表面的亲水、

亲油平衡对于细胞的黏附、增殖和迁移是非常重要的。

7.2.6　纤维的力学性能

图 7-6 为不同质量比的丝素蛋白/P(LLA-CL)纳米纤维的应力—应变曲线(图中 3 根曲线表示 3 次测试)。表 7-5 总结了不同纳米纤维的平均断裂伸长率和断裂强度。从图 7-6(a)可知，丝素蛋白纤维呈典型脆性断裂。丝素蛋白是一种天然蛋白质，由多种氨基酸形成多肽，然后通过分子间的氢键、范德瓦耳斯力等形成不同的构象，分子中的极性基团及氢键阻碍着链段的运动。纳米纤维的力学性能除了与材料本身性能有关，还与纤维的结构(如纤维直径、纤维长度、孔隙率、孔径等)有关。从试验结果看，丝素蛋白纳米纤维比其他纳米纤维短且很疏松，这也许是丝素蛋白应力、应变小的一个原因。

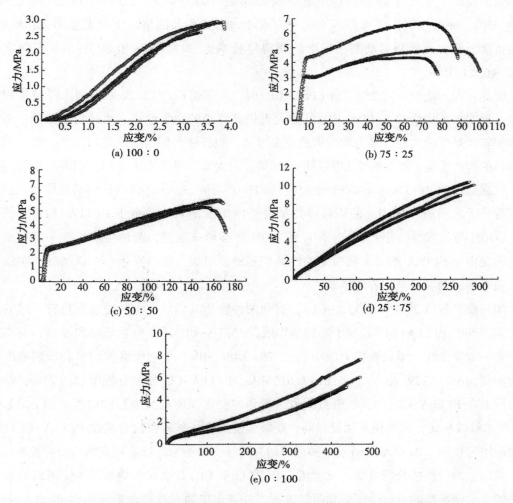

图 7-6　不同质量比下丝素蛋白/P(LLA-CL)纳米纤维的应力—应变曲线

表 7-5　不同质量比下丝素蛋白/P(LLA-CL)纳米纤维的力学性能

丝素蛋白/P(PLLA-CL)质量比	厚度/mm	断裂伸长率/%	断裂强度/MPa
100∶0	0.050±0.005	3.85±0.30	2.72±0.60
75∶25	0.082±0.006	82.86±10.80	5.00±0.44
50∶50	0.075±0.004	168.75±29.70	5.62±1.61
25∶75	0.078±0.008	279.67±34.98	10.60±2.45
0∶100	0.088±0.005	458.83±19.35	6.29±1.30

因而丝素蛋白纳米纤维不适宜作为要求一定力学性能的组织工程支架，尤其是血管和神经导管等管状支架。显然，在丝素蛋白中加入一种合成聚合物以提高支架的力学性能是很有必要的。从图 7-6(b)可知，随着共混体系中加入 25% 的 P(LLA-CL)，纳米纤维应力—应变曲线上出现了屈服点，屈服应变和屈服应力分别为(7.29±0.19)%、(3.55±0.69)MPa；屈服点后，纤维在不增加外力或外力增加不大的情况下能发生形变；然后，曲线再次上升，直到最后断裂。纤维的断裂伸长率达到(82.86±10.80)%，断裂强度为(5.00±0.44)MPa。

因此，加入质量分数 25% 的 P(LLA-CL)时，丝素蛋白/P(LLA-CL)纳米纤维呈韧性断裂，说明加入少量的 P(LLA-CL)就能大大提高纤维的力学性能。两种物质共混，两相间的相容性是影响共混纤维力学性能的重要因素，相容性太好则形成均相体系，得不到原有材料的优良性能；相容性太差则两相间的结合力太差，界面发生分离，起不到增韧的作用。丝素蛋白和 P(LLA-CL)溶解在强极性的 HFIP 溶液中，由于强极性溶剂的作用，削弱了本身分子之间的作用力，使得各种物质分子溶解在溶剂中，由于 P(LLA-CL)分子中的—COOH 与丝素蛋白分子中的—NH$_2$ 或—OH 能够形成氢键，两种物质具有一定的相容性，但是由于 P(LLA-CL)主要由亲油性的烷基链段组成，而丝素蛋白由氨基酸的多肽组成，很难得到两者完全相容的体系。

加入质量分数 25% 的 P(LLA-CL)，看到两种物质共混后，每种物质保持有一定的力学性能，其中 P(LLA-CL)起到了增韧的作用。P(LLA-CL)质量分数增加到 50%，有类似的应力—应变曲线，但屈服应力减小到(2.26±0.09)MPa，平均断裂伸长率和断裂强度分别增加到(168.75±29.70)%、(5.62±1.61)MPa。P(LLA-CL)质量分数增加到 75%，丝素蛋白分散在 P(LLA-CL)中，屈服点消失，得到应变逐渐随应力增加的曲线，和 P(LLA-CL)纳米纤维相比，弹性模量明显提高，断裂强度提高。丝素蛋白分散在 P(LLA-CL)中，主要起增强作用。P(LLA-CL)是一种很好的弹性体，其纳米纤维有较高的断裂伸长率。

从以上力学性能分析可知，丝素蛋白和 P(LLA-CL)共混制备纳米纤维，可以结合两者的优点，使纤维的力学性能得到明显改善，并且可以通过改变丝素蛋白和 P(LLA-CL)共混比例来调整纤维的力学性能，以满足不同支架材料的力学性能要求。

7.2.7　纤维的生物相容性

7.2.7.1　内皮细胞的黏附

细胞种植在支架上，首先是细胞在支架上的黏附。只有细胞稳固地黏附在支架表面，才能开始增殖、迁移、分化或者合成细胞外基质(ECMs)。细胞在支架表面的黏附主要有非特异性黏附和特异性黏附。非特异性黏附是由细胞通过自身重力，以及细胞和支架之间的范德瓦耳斯力、静电力等作用引起的，比较迅速；特异性黏附又称细胞识别，是由细胞通过与支架表面的一些生物活性分子(如细胞外基质蛋白、细胞膜蛋白、细胞骨架蛋白等)的相互识别引起的，黏附期较长。图 7-7 为内皮细胞在不同质量比的丝素蛋白/P(LLA-CL)纳米纤维支架和盖玻片上的黏附情况。黏附试验种植内皮细胞的密度为 2.0×10^4 个/孔。可以看到，与盖玻片相比，纳米纤维支架具有更好的细胞黏附，这可能与纳米纤维支架的结构有关。大量研究发现，和其他形式的材料相比，多种细胞(如内皮细胞、软骨细胞、成纤维细胞、老鼠肾脏细胞、平滑肌细胞、神经干细胞和胚胎干细胞等)在各种纳米纤维支架上都能很好地黏附，并且和相同组成的微米纤维支架相比，细胞更容易在纳米纤维支架上黏附。同时发现，丝素蛋

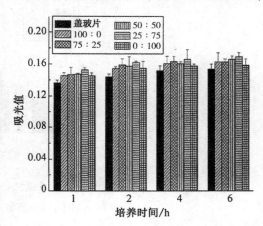

图 7-7　内皮细胞在不同质量比的丝素蛋白/
P(LLA-CL)纳米纤维支架及
盖玻片上的黏附情况

白/P(LLA-CL)纳米纤维支架比 P(LLA-CL)纳米纤维支架更有利于内皮细胞的黏附。其原因是 P(LLA-CL)缺少内皮细胞的识别位点，而且其亲水性差，而亲水性高的材料更利于细胞黏附。不同质量比的丝素蛋白/P(LLA-CL)纳米纤维支架之间没有明显差异。

7.2.7.2　内皮细胞的增殖

增殖试验中，内皮细胞的种植密度为 8000 个/孔。图 7-8 为内皮细胞在不同质量比的丝素蛋白/P(LLA-CL)纳米纤维支架和盖玻片上的增殖情况。与盖玻片相比，纳米纤维支架更有利于细胞增殖。培养 1 天后，细胞在各纳米纤维支架上的增殖情况没有显著性差异。培养 3 天后，细胞在丝素蛋白/P(LLA-CL)(25∶75)纳米纤维支架上的增殖情况与盖玻片相比有显著性差异($p<0.05$)。培养 5 天后，细胞在丝素蛋白/P(LLA-CL)纳米纤维支

架上的增殖情况与盖玻片相比有重要差异（$p<0.01$ 和 $p<0.05$）。同时，细胞在丝素蛋白/P(LLA-CL)(25：75)纳米纤维支架上的增殖情况与 P(LLA-CL)纳米纤维支架相比也有显著性差异（$p<0.05$）。培养 7 天后，细胞在丝素蛋白和丝素蛋白/P(LLA-CL)纳米纤维支架上的增殖情况与盖玻片相比有明显的不同（$p<0.01$），并且细胞在丝素蛋白/P(LLA-CL)(50：50 和 25：75)纳米纤维支架上的增殖情况明显高于 P(LLA-CL)纳米纤维支架（$p<0.01$）。这些结果表明丝素蛋白/P(LLA-CL)纳米纤维支架更能促进内皮细胞的增殖，当丝素蛋白/P(LLA-CL)质量比为 25：75 时，更有利于内皮细胞的生长。

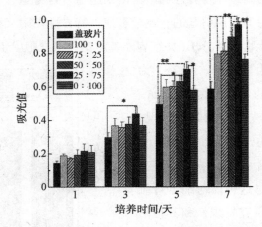

图 7-8　内皮细胞在不同质量比的丝素蛋白/
P(LLA-CL)纳米纤维支架及盖玻片上的增殖情况

7.2.7.3　内皮细胞形貌观察

将内皮细胞种植在不同质量比的丝素蛋白/P(LLA-CL)纳米纤维支架上培养 3 天，再经过处理，用扫描电镜观察内皮细胞在纳米纤维支架上的形貌。内皮细胞的种植密度为 1.0×10^4 个/孔。图 7-9 为内皮细胞在不同质量比的丝素蛋白/P(LLA-CL)纳米纤维支架上及盖玻片上培养 3 天后的扫描电镜照片。内皮细胞在丝素蛋白纳米纤维支架上，其形貌主要呈扩散的梭形，还有少量圆形；内皮细胞在丝素蛋白/P(LLA-CL)(25：75)纳米纤维支架上培养，能更好地扩散，在纤维表面形成一个内皮细胞单层；内皮细胞在 P(LLA-CL)纳米纤维支架上培养，不能很好地铺展。He 等报道了内皮细胞在 P(LLA-CL)纳米纤维支架上培养，其形貌呈圆形而不是扩散的，而内皮细胞在表面涂有胶原蛋白的 P(LLA-CL)纳米纤维支架上培养，其形貌呈扩散的多边形；并采用胶原蛋白和 P(LLA-CL)共混制备纳米纤维支架，发现内皮细胞在共混纳米纤维支架上有更好的扩散形貌。由此可见，内皮细胞在共混纳米纤维支架上能更好地扩散，有利于在纤维表面形成内皮细胞单层，而生物材料内皮化是阻止小直径血管支架血管内膜增生的理想方式之一。

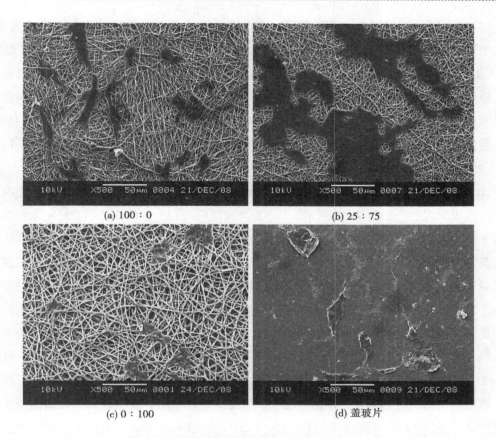

图 7-9　内皮细胞在不同质量比的丝素蛋白/P(LLA-CL)纳米纤维支架
及盖玻片上培养 3 天后的扫描电镜照片

7.2.7.4　体内组织相容性

由于丝素蛋白纳米纤维的脆性大、易破裂，而 P(LLA-CL)纳米纤维的弹性较大，易发生蜷缩，这两种样品未植入动物体内进行试验。选用健康新西兰兔(其质量为 2.0～2.5kg)，采用 10% 水合氯醛按 0.3mL/(100g)对兔子进行麻醉，将经过 γ 射线辐照灭菌处理的一定尺寸的纳米纤维植入兔子的背部，在创缘外缝线打包固定。操作完成后，分笼饲养。

(1)植入区的 HE 染色。石蜡切片、常规二甲苯脱蜡、下行酒精水化至自来水冲洗，蒸馏水漂洗后，加入苏木精染色 4～5min，自来水冲洗 1min，加入 5% 冰醋酸分化液中分化 30～40s，再用自来水冲洗冰醋酸分化液，放置于自来水中蓝化至细胞核呈现鲜艳的蓝色或 1h 以上，加入伊红染色 2～3min，上行梯度酒精(70%、80%、95%、100%)脱水，吹干或用滤纸吸干组织切片，中性树胶透明与封片。

(2)大体观察。试验动物在术后 1～5h 后恢复活动，1d 后进食正常，1 周后伤口基本愈合，伤口没有红肿、感染等并发症。

　　（3）纳米纤维形貌观察。植入前，3种质量比的纳米纤维都呈白色，纤维排列整齐。植入1周后，三种质量比的纤维都呈白色，纤维呈折叠状。植入2周后，丝素蛋白/P（LLA-CL）（75∶25）纤维呈白色、折叠、质地未变；其余两种质量比的纤维呈白色、折叠、质地未变、有淤血。植入4周后，3种质量比的纤维都呈白色、折叠、质地未变，被一层薄膜包裹。植入12周后，丝素蛋白/P（LLA-CL）（75∶25）纤维折叠，面积稍有减少；丝素蛋白/P（LLA-CL）（50∶50）纤维折叠成约1cm的扁豆状；丝素蛋白/P（LLA-CL）（25∶75）纤维有轻微折叠，面积基本未变。

　　（4）组织学观察。对3种质量比的丝素蛋白/P（LLA-CL）纳米纤维植入兔子体内2周后进行组织学观察，如图7-10所示。（a）为丝素蛋白/P（LLA-CL）（75∶25）纳米纤维，左图右下角均质红染的条带为植入物，周围为新生纤维组织（×50）；右图左侧及下方均质红染的条带为植入物，周围为新生纤维组织（×50）。从图中可知，植入物与周围新生组织结合相对紧密，局部可见较多浆细胞浸润，新生毛细血管明显增多，植入物周围可见异物巨细胞，新生组织以成纤维细胞为主，伴有少量浆细胞浸润，表明植入物与周围新生组织相容性良好。（b）为丝素蛋白/P（LLA-CL）（50∶50）纳米纤维，左图下方红染均质的条带为植入物，其上为新生纤维组织（×50）；右图带状均质红染为植入物，其周围为新生纤维组织（×25）。从图中可观察到植入物表面可见较多纤维细胞覆盖，与周围新生组织结合紧密；周围新生组织可见大量纤维细胞增生，可见少量浆细胞，说明植入物与周围新生组织相容性良好。（c）为丝素蛋白/P（LLA-CL）（25∶75）纳米纤维，左图新生纤维组织，可见较多毛细血管增生（×25）；右图表皮及真皮层结构，未见炎细胞浸润（×25）。从图中可知，皮下组织内未见植入物，可见大量增生的纤维组织及增生的毛细血管，局部可见纤维组织胶原化，组织间隙未见明显的炎细胞及异物巨细胞浸润，可能是切片时没有切到植入物，而从周围组织的组织切片HE染色图看，丝素蛋白/P（LLA-CL）（25∶75）纳米纤维具有良好的组织相容性。

　　作为组织工程支架材料，最终要植入人体，用以修复或替代人体组织或器官。因此，组织工程支架材料的体内组织相容性是首先要考虑的问题。体内组织相容性主要指生物材料与人体组织相互接触后，在生物材料与人体组织界面之间会发生一系列相互作用，最后被人体组织接受的性能。良好的组织相容性是组织工程支架材料应用于临床的前提。评价材料组织相容性最常用的方法是体内植入法。体内植入法主要有皮下植入、肌肉植入、骨内植入等。本试验采用皮下植入法。生物材料植入体内后，周围组织会对其排异，引起局部炎症反应，材料将被纤维结缔组织包裹而与周围组织隔离，并且各种炎性细胞不断侵入，进行防御。在局部炎症的反应过程中，在炎症早期，主要有中性粒细胞和单核细胞浸润，主要表现为急性炎症；在炎症后期，主要有巨噬细胞、淋巴细胞和浆细胞浸润，表现为慢性炎症。从以上的组织学分析（HE染色）结果看，不同质量比的丝素蛋白/P（LLA-

CL)纳米纤维仅引起体内很轻微的炎症反应，表现出良好的体内组织相容性。

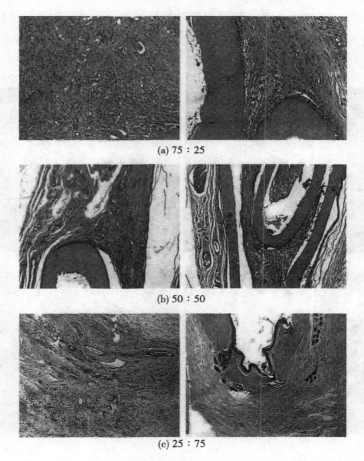

(a) 75∶25

(b) 50∶50

(c) 25∶75

图 7-10　不同质量比的丝素蛋白/P(LLA-CL)纳米纤维植入动物

体内 2 周后的组织切片 HE 染色图

　　本试验由广州迈普再生医学科技有限公司及广州金域医学检验中心协助完成，并提供试验数据。

7.3　丝素蛋白/P(LLA-CL)复合纳米纤维的降解性能

7.3.1　纤维形貌

　　为了对静电纺纳米纤维的降解过程有一个更直观的了解，利用扫描电镜对降解前和降解不同时间的纳米纤维进行观察。图 7-11 为不同质量比的丝素蛋白/P(LLA-CL)纳米纤维的扫描电镜照片，其中(a)~(c)经过甲醇蒸气处理，使丝素蛋白的构象转变成不溶于水的 β-折叠结构。由于 P(LLA-CL)是一种弹性体，其静电纺纳米纤维比较容易黏结在一起。

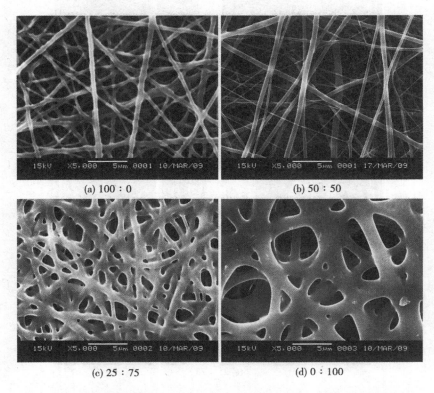

(a) 100∶0 (b) 50∶50

(c) 25∶75 (d) 0∶100

图 7-11　不同质量比的丝素蛋白/P(LLA-CL)纳米纤维的扫描电镜照片

图 7-12 为不同质量比的丝素蛋白/P(LLA-CL)纳米纤维在 37℃ PBS 溶液中降解 1 个月的扫描电镜照片。和降解前相比，纤维有些溶胀。宏观观察发现纳米纤维和降解前没有明显区别。图 7-13 为不同质量比的丝素蛋白/P(LLA-CL)纳米纤维在 37℃ PBS 溶液中降解 3 个月的扫描电镜照片，和降解 1 个月的纳米纤维相比，丝素蛋白质量比为 100% 和 50% 时，纤维形貌变化不大；丝素蛋白质量比为 25% 时，纤维溶胀程度比降解 1 个月时更高，纤维变形更大；丝素蛋白质量比为 0 时，即 P(LLA-CL)纳米纤维，看不到纤维形貌，形成平整表面，并且宏观上已经变成透明状。

图 7-14 为不同质量比的丝素蛋白/P(LLA-CL)纳米纤维在 37℃ PBS 溶液中降解 6 个月的扫描电镜照片。和降解 1~3 个月相比，丝素蛋白质量比为 100% 时，即丝素蛋白纳米纤维，有少量的纤维发生断裂，并且纤维表面有一些晶状小颗粒；丝素蛋白质量比为 50% 时，有较多的纤维发生断裂；丝素蛋白质量比为 25% 时，由于溶胀，纤维和孔几乎被覆

盖，看不到纤维形貌；丝素蛋白质量比为 0 时，即 P(LLA-CL)纳米纤维，宏观上已经成为黏性体，因此未使用 SEM 观察其形貌。

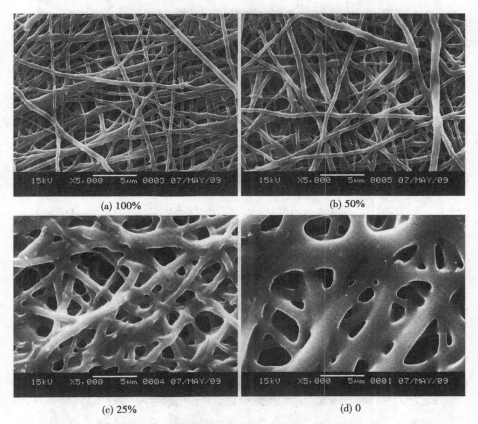

(a) 100%　　　　　　　　　　　(b) 50%

(c) 25%　　　　　　　　　　　(d) 0

图 7-12　不同质量比的丝素蛋白/P(LLA-CL)纳米纤维在 37℃ PBS 溶液中
降解 1 个月的扫描电镜照片

从以上利用扫描电镜对静电纺纳米纤维降解过程的观察，发现丝素蛋白纳米纤维和丝素蛋白/P(LLA-CL)(50%)纳米纤维在降解过程中主要表现为纤维断裂，而丝素蛋白/P(LLA-CL)(25%)纳米纤维和 P(LLA-CL)纳米纤维主要表现为纤维溶胀。P(LLA-CL)是一种具有很好弹性的聚合物，其玻璃化转变温度(T_g)在 0℃以下，根据文献报道，当 T_g 低于或接近降解温度 37℃时，在降解过程中，聚合物分子链容易运动。因此，纤维趋于溶胀在一起，减小表面张力。对于丝素蛋白/P(LLA-CL)(25%)纳米纤维，由于 P(LLA-CL)的含量大，丝素蛋白主要作为分散相分散在 P(LLA-CL)中，其降解过程也主要表现为纤维溶胀。用甲醇处理后的丝素蛋白纳米纤维具有较高的结晶度，属于排列比较规整的 β-折叠结构，在降解过程中，由于结晶区的聚合物分子链是坚固和不动的，纤维在作用力比较弱的位置断裂。因此，丝素蛋白纳米纤维和丝素蛋白/P(LLA-CL)(50%)纳米纤维的降解过程主要表现为纤维断裂。

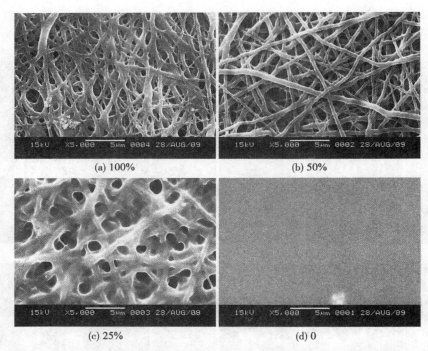

(a) 100%   (b) 50%

(c) 25%   (d) 0

图 7-13　不同质量比的丝素蛋白/P(LLA-CL)纳米纤维在 37℃ PBS 溶液中
降解 3 个月的扫描电镜照片

(a) 100%   (b) 50%

(c) 25%

图 7-14　不同质量比的丝素蛋白/P(LLA-CL)纳米纤维在 37℃ PBS 溶液中
降解 6 个月的扫描电镜照片

7.3.2　纤维失重及相对分子质量

聚合物水解表现出来的失重主要是聚合物在降解过程中由于键断裂产生可溶性的齐聚物或单体从聚合物基体扩散到降解液中引起的材料质量减少。图 7-15 为丝素蛋白、丝素蛋白/P(LLA-CL)(50%)、丝素蛋白/P(LLA-CL)(25%)和 P(LLA-CL)所制备的纳米纤维在 37℃ PBS 缓冲液中降解 1~6 个月的失重情况。丝素蛋白纳米纤维在 PBS 溶液中基本不降解，降解 6 个月，质量仅减少 5.5%。经过甲醇处理后，丝素蛋白主要呈 G-折叠结构，虽然丝素蛋白中含有大量的亲水基团(如—COOH、—NH$_2$、—OH 等)，但是丝素蛋白分子的规整、折叠结晶结构阻止了水分子渗透到分子链的内部。其次，蛋白质水解主要是由肽键(酰胺键)断裂所致，在中性环境中，肽键的水解很困难。Golsalves 等研究脂肪族聚酯-酰胺的降解性能时发现，在水解降解过程中，主要是分子中酯键的断裂，引起聚合物的降解。P(LLA-CL)纳米纤维的降解速率比丝素蛋白纳米纤维快得多。P(LLA-CL)为 PLLA 和 PCL 的共聚物，其分子链上混杂的不同链段导致其呈无规结构，使得 P(LLA-CL)的降解速率比 PLLA 和 PCL 的降解速率大。

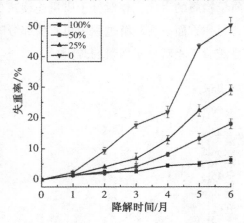

图 7-15　不同质量比的丝素蛋白/P(LLA-CL)
纳米纤维在 37℃ PBS 缓冲液中
降解 1~6 个月的失重情况

P(LLA-CL)纳米纤维降解 3 个月，失重率为 21.3%，宏观上表现为变得透明，扫描电镜照片显示已经不存在纤维结构；随着降解时间的增加，纤维变得很黏，降解 6 个月，失重率达到 50.2%。丝素蛋白/P(LLA-CL)(50%)纳米纤维、丝素蛋白/P(LLA-CL)(25%)纳米纤维的降解速率明显下降，降解 3 个月，失重率分别为 7.8% 和 10.2%；降解 6 个月，失重率分别为 20.6% 和 28.9%，其中包括很少量的丝素蛋白失重。假设丝素蛋白/P(LLA-CL)(50%)纳米纤维、丝素蛋白/P(LLA-CL)(25%)纳米纤维中 P(LLA-CL)的降解速率与纯的 P(LLA-CL)的降解速率一致，按照比例计算，降解 3 个月，两种共混纤维中 P(LLA-CL)的失重率分别为 10.7%、16.0%；降解 6 个月，失重分别为 25.1% 和 37.5%。通过比较可知，丝素蛋白的加入使得 P(LLA-CL)的降解速率降低。

在试验过程中发现，降解后丝素蛋白/P(LLA-CL)(50%)纳米纤维、丝素蛋白/P(LLA-CL)(25%)纳米纤维中的 P(LLA-CL)，用色谱级的四氢呋喃不能完全溶解，因而测出来的相对分子质量不准确。只能通过凝胶渗透色谱(GPC)得到单一组分的 P(LLA-CL)纳米纤维降解不同时间后的相对分子质量变化。图 7-16 和图 7-17 分别为 P(LLA-CL)纳米纤维降解不同时间后的质均相对分子质量和相对分子质量多分散指数的变化情况。降解 1 个月，相对分子质量从降解前的 34.5 万下降到 11.9 万，多分散指数略有减小；降解 3 个月，相对分子质量下降到 2.4 万；降解 3 个月以上，相对分子质量减小得比较慢。降解前和降解 1 个月的 P(LLA-CL)纳米纤维的多分散指数较小，降解 3 个月，其多分散指数增加到 3.69；降解 6 个月，其多分散指数减小。原因是在降解过程中酯键断裂导致低相对分子质量物质的生成，相对分子质量连续减少，使得多分散指数变大，相对分子质量分布变宽。另一方面，在降解过程中只有少部分降解的齐聚物碎片溶解在降解液中。因此，失重总是滞后于相对分子质量的减少。

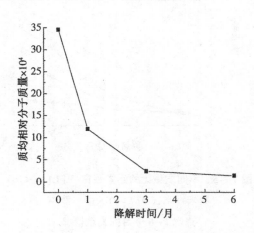 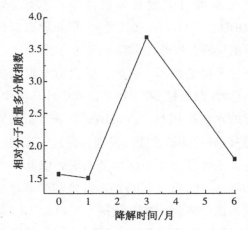

图 7-16　P(LLA-CL)纳米纤维的质均相对　　　图 7-17　P(LLA-CL)纳米纤维的相对分子质量

分子质量随降解时间变化情况　　　　　　　多分散指数随降解时间变化情况

7.3.3　降解液的 pH 值

将静电纺纳米纤维在含有 0.2mg/mL 叠氮化钠的 PBS 缓冲液(pH 值为 7.4±0.1)中于 37℃恒温水浴条件下降解，且每个月更换一次 PBS 缓冲液。因此，降解液的 pH 值为本月降解下来的齐聚物引起的，而不是累积的。图 7-18 为丝素蛋白纳米纤维、丝素蛋白/P(LLA-CL)(50%)纳米纤维、丝素蛋白/P(LLA-CL)(25%)纳米纤维和 P(LLA-CL)纳米纤维在 37℃PBS 缓冲液中降解 1～6 个月的降解液的 pH 值随时间变化曲线。可以看出丝素蛋白纳米纤维的降解液的 pH 值随时间变化的幅度很小。主要是因为丝素蛋白纳米纤维在 PBS 溶液中基本不降解，其次丝素蛋白的降解产物主要是一些溶于水的多肽和氨基酸，这些产物对降解液的 pH 值影响不大，且 PBS 缓冲液具有缓和酸或碱的作用。P(LLA-CL)纳米纤维的降解液的 pH 值随着时间增加而减小，降解 5 个月时，pH 值最低(5.88)。原因是 P(LLA-CL)在降解过程中产生可溶性的齐聚物或单体，它们从纤维基体扩散到降解液中，齐聚物中的—COOH引起降解液的酸性增加。P(LLA-CL)是疏水性的聚合物,开始降解时,主要是表面降解,少量的水溶性齐聚物从基体中扩散到降解液中,随着降解时间增加,水分子不断地渗透到纤维内部,引起整个基体降解,并且降解产生的齐聚物会起到自动催化的作用,加快基体降解,纤维相对分子质量及结晶度降低,基体中的齐聚物不断地扩散到降解液中。因此,随着降解时间的增加,pH值降低得更多。降解 5 个月后,出现一个相对平稳期,pH值略有上升。对于丝素蛋白/P(LLA-CL)(50%)纳米纤维和丝素蛋白/P(LLA-CL)(25%)纳米纤维,随着降解时间的增加,降解液的 pH 值也逐渐下降,降解 6 个月后,pH值约为7,比 P(LLA-CL)纳米纤维的降解液的 pH 值高。从失重来看,丝素蛋白/P(LLA-CL)(50%)纳米纤维和丝素蛋白/P(LLA-CL)(25%)纳米纤维的失重率比 P(LLA-CL)纳米纤维的失重率小得多,也就是说溶解在降解液中的齐聚物或单体的量更少。

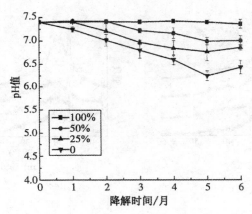

图 7-18　不同质量比的丝素蛋白/P(LLA-CL)纤维在 37℃ PBS 缓冲液中降解
1~6 个月的降解液的 pH 值变化情况

作为体内组织工程支架材料,降解产物对体内环境的影响是非常重要的。pH 值降低会在体内诱发炎性组织反应。因此,丝素蛋白和 P(LLA-CL)共混可以降低降解过程中酸性的增加。丝素蛋白的降解产物主要是多肽和氨基酸,分子中的—NH$_2$、—OH 等能与齐聚物或单体中的—COOH 发生中和反应,可改善局部酸性产物过多的缺陷,减小材料对周围组织细胞的生长影响,降低非特异性无菌性炎症的发生率。

7.3.4　X 射线衍射分析

图 7-19 为丝素蛋白、丝素蛋白/P(LLA-CL)(50%)、丝素蛋白/P(LLA-CL)(25%)和 P(LLA-CL)所制备的纳米纤维降解不同时间的 XRD 谱图,图中曲线 0、1、3、6 分别表示降解前、降解 1 个月、3 个月、6 个月。丝素蛋白纳米纤维在 20% 为 10.8°、19.9°、24.6°、29.6°处有衍射峰,这是丝素蛋白以 β-折叠构象存在的特征峰。丝素蛋白纳米纤维

在 PBS 缓冲液中降解不同时间后，相应的峰强度没有发生明显变化。主要是因为丝素蛋白纳米纤维基本不降解，并且丝素蛋白仍保持 β-折叠结构。P(LLA-CL)纳米纤维分别在 2θ 为 16.7°、18.9°、22.3°处有衍射峰，16.7°为 PLLA 的衍射峰，18.9°、22.3°为 PCL 的衍射峰；随着降解时间的增加，2θ 为 16.7°处的衍射峰强度明显下降。这说明 PLLA 随着降解时间的增加，其结晶结构可能被破坏，PLLA 链段和 PCL 链段上的酯基同时水解。P(LLA-CL)的 T_g(-13.62℃)较低，其在 37℃时处于高弹态，自由体积大，分子链容易运动，降解时间增加有助于结晶区降解，最后的结果为动力学降解机制，而且在水解过程中，随着链长的减小，分子链运动进一步增强，导致聚合物更快降解。然而，从降解不同时间后的丝素蛋白/P(LLA-CL)(50%)纳米纤维和丝素蛋白/P(LLA-CL)(25%)纳米纤维的 XRD 谱图来看，16.7°的衍射峰强度没有发生明显变化，说明降解过程中 PLLA 链段的结晶结构没有破坏，降解可能主要发生在 PCL 链段。

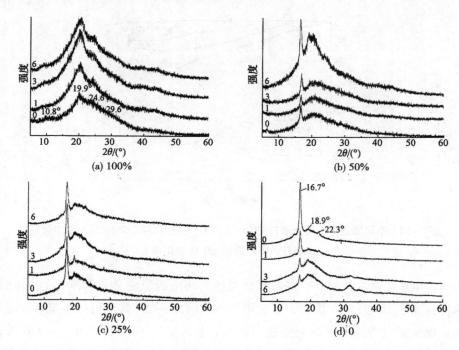

图 7-19　不同质量比的丝素蛋白/P(LLA-CL)纳米纤维降解不同时间的 XRD 谱图

7.3.5　红外光谱分析

图 7-20 为不同质量比的丝素蛋白/P(LLA-CL)纳米纤维降解前和降解 3 个月的 FTIR（傅里叶变换红外光谱）-ATR（衰减全反射）谱图。从图 7-20(a)可知，丝素蛋白纳米纤维降解前后的 FTIR-ATR 谱图没有明显不同，3285cm⁻¹ 为—NH₂ 和—OH 的特征吸收峰，1627cm⁻¹ 为酰胺 I 特征吸收峰，1523cm⁻¹ 为酰胺 II 的特征吸收峰，1235cm⁻¹ 为酰胺 III

特征吸收峰，表明丝素蛋白的构象主要为 β-折叠结构。如图 7-20(d)所示，P(LLA-CL)纳米纤维降解前的 FTIR-ATR 谱图上，3069cm^{-1}、2938cm^{-1} 为—CH$_3$ 或—CH$_2$ 的伸缩振动峰；在对应的酯基处出现了双峰，其中 1756cm^{-1} 为 PLLA 链段中酯基的伸缩振动峰，1735cm^{-1} 为 PCL 链段中酯基的伸缩振动峰；1454cm^{-1}、1359cm^{-1} 为—CH$_3$ 的 C—H 的非对称与对称弯曲振动峰；1184cm^{-1}、1131cm^{-1}、1090cm^{-1}、1043cm^{-1} 主要是 C—O 的伸缩振动和 C—C 的骨架振动特征吸收峰。P(LLA-CL)静电纺纳米纤维降解 3 个月的 FTIR-ATR 谱图上，1756cm^{-1}、1735cm^{-1} 的特征吸收峰强度发生变化，降解前，1756cm^{-1} 的特征吸收峰强度大于 1735cm^{-1} 的特征吸收峰，而降解后，1756cm^{-1} 的特征吸收峰强度小于 1735cm^{-1} 的特征吸收峰。这说明 PLLA 链段中酯基含量降低，也就是说在降解过程中，PLLA 链段结晶区发生明显水解。丝素蛋白/P(LLA-CL)(50%)、丝素蛋白/P(LLA-CL)(25%)纳米纤维的 FTIR-ATR 谱图上，1756cm^{-1}、1735cm^{-1} 的特征吸收峰在降解前后没有发生明显变化。这些结果与 XRD 谱图结果一致。由于丝素蛋白分子之间存在氢键作用，—NH$_2$ 和—OH 的伸缩振动峰向低波数移动，丝素蛋白和 P(LLA-CL)共混后，很难根据这一点来判断丝素蛋白和 P(LLA-CL)之间存在氢键作用。在丝素蛋白/P(LLA-CL)共混纳米纤维的 FTIR-ATR 谱图上，发现在 1698cm^{-1} 出现一个新的特征吸收峰，并且降解 3 个月后，该特征峰的强度有所增强，原因可能是丝素蛋白和 P(LLA-CL)之间存在一定的相互作用。

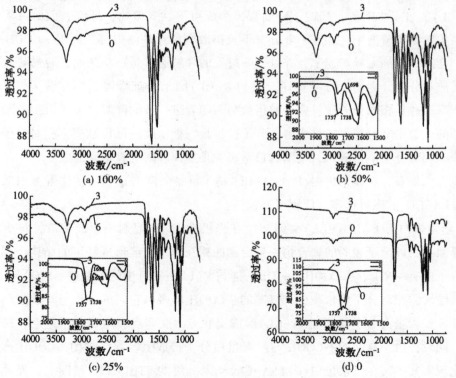

图 7-20　不同质量比的丝素蛋白/P(LLA-CL)纳米纤维降解前和降解 3 个月的 FTIR-ATR 谱图

7.3.6　降解机理

P(LLA-CL)纳米纤维的降解主要有 3 个阶段，如图 7-21 所示。水分子渗透到纤维表面，再通过扩散进入酯键或亲水基团的周围，导致酯键开始水解，分子链断裂。通常认为 PLLA 具有更好的水解降解性能，而 PCL 具有更强的低相对分子质量物质的渗透能力。因此，利用这两种单体制备的共聚物通常具有更好的降解性能。P(LLA-CL)纳米纤维为 PLLA 和 PCL 的共聚物，其 T_g 在 0℃以下。因此，在 37℃ PBS 缓冲液中，聚合物分子链容易运动，自

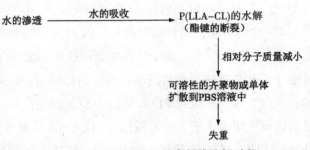

图 7-21　P(LLA-CL)纳米纤维降解过程

由体积较大，且静电纺纳米纤维具有较大的比表面积。虽然 P(LLA-CL)是疏水性的，且存在 PLLA 结晶区，但水分子仍然容易扩散到 P(LLA-CL)基体中。XRD 及 FTIR 分析结果表明，在降解过程中 PLLA 结晶区链段也容易被水解，由于水的扩散是比较均匀的，一开始酯键的断裂在大部分链段都有发生。因此，酯键的水解在开始阶段是均匀的。随着 P(LLA-CL)的进一步降解，酯键不断断裂，形成可溶性齐聚物，纤维表面的可溶性齐聚物很容易扩散到降解液中，还有一部分来不及扩散则留在基体内部，由于—COOH 的自催化作用，会进一步加大降解速率，并且这一过程的降解通常是不均匀的，容易导致较宽的相对分子质量分布。因而，可以看到，P(LLA-CL)纳米纤维降解 3 个月后，相对分子质量急剧下降，并且相对分子质量多分散指数高。随着进一步的降解，分子链上的酯键水解是无规则的，每个酯键都可能被水解，分子链越长，被水解的部位越多，相对分子质量降低得越快。相对分子质量降低，端基数目增多，是加速降解的直接原因之一。

从以上结果看，在丝素蛋白/P(LLA-CL)纳米纤维的降解过程中，丝素蛋白的加入减慢了 P(LLA-CL)的降解速率。原因可能包括：

(1)丝素蛋白与 P(LLA-CL)共同溶解在强极性 HFIP 溶剂中形成溶液，将溶剂除去后，相界面大，以至于较弱的聚合物—聚合物的相互作用也能形成稳定的结构。同时，丝素蛋白分子中有—NH_2、—COOH、—OH，能与 P(LLA-CL)中的酯基(—OCO)形成氢键，随着降解继续，相对分子质量减少，链端的—COOH 增多，它们进一步与丝素蛋白形成氢键。这样，丝素蛋白分子与 P(LLA-CL)形成交联点，交联点会阻碍分子运动，抑制水解的进行。同时，由于链端的—COOH 与丝素蛋白分子形成氢键，链端的—COOH 产生水解的自催化现象减少。在丝素蛋白/P(LLA-CL)纳米纤维的 FTIR-ATR 谱图上，发现有新的特征峰出现，这可以说明丝素蛋白与 P(LLA-CL)之间可能存在一定的相互作用。

为了证明丝素蛋白/P(LLA-CL)纳米纤维的稳定性及丝素蛋白与 P(LLA-CL)之间的相互作用，以丝素蛋白/P(LLA-CL)(25%)纳米纤维为例，将未处理、甲醇处理、降解 4 个月的丝素蛋白/P(LLA-CL)纳米纤维和纯的 P(LLA-CL)纳米纤维溶解在色谱级四氢呋喃(THF)中，在 37℃下通过磁力搅拌溶解。图 7-22(a)(b)表示未处理和甲醇处理的丝素蛋白/P LLA-CL)纳米纤维及纯的 P(LLA-CL)纳米纤维的溶解情况；(c)(d)表示降解 4 个月的丝素蛋白/P(LLA-CL)纳米纤维和纯的 P(LLA-CL)纳米纤维的溶解情况。在溶解过程中，纯的 P(LLA-CL)纳米纤维在 10min 内完全溶解。加入丝素蛋白以后，未处理和甲醇处理的丝素蛋白/P(LLA-CL)纳米纤维溶解 12 h 后，仍保持膜的形貌，24 h 后仍有絮状物质。降解 4 个月的丝素蛋白/P(LLA-CL)纳米纤维溶解 12h 后，大部分能保持膜的形貌，说明丝素蛋白与 P(LLA-CL)之间有较强的作用，使得 P(LLA-CL)很难溶解。

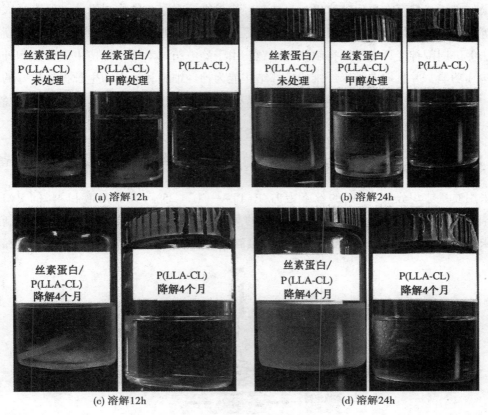

图 7-22　纳米纤维在 THF 中的溶解情况

(2)纯的 P(LLA-CL)纳米纤维在 37℃ PBS 缓冲液中，由于分子链段的运动，很容易溶胀在一起，随着降解时间的增加，纤维形貌消失成膜。Bajgai 等在研究 PCL/葡聚糖静电纺纤维膜和浇铸膜的降解试验中发现，由于水解自催化现象，浇铸膜的降解速率大于静电纺纤维膜。丝素蛋白/P(LLA-CL)静电纺纤维膜的纤维直径比 P(LLA-CL)静电纺纤维膜的纤维直径小得多，且具有更大的孔径和孔隙率，降解后的齐聚物更容易从基体中扩散到降解液中，减少了水解自催化现象的发生。

7.4 丝素蛋白/P(LLA-CL)复合纳米纤维用于神经组织再生

周围神经损伤是临床常见的致残性疾病。随着工农业生产机械化程度的不断提高和交通事业的快速发展，周围神经损伤的发生率每年呈快速上升趋势。受伤后的周围神经组织再生和功能恢复在临床上仍是一个挑战。目前，对于周围神经缺损，自体神经移植仍是修复的最佳方式，但存在再生速率慢、自体神经取材来源有限、供体与受体神经直径大小不匹配等缺点，同时切取自体神经时会造成供区损伤及一定的功能障碍。因此，寻找新的修复方法促进周围神经再生是亟待解决的难题。由于静电纺纳米纤维可仿生天然细胞外基质的结构和功能，并且取向纳米纤维的拓扑结构能为神经细胞和轴突的生长提供良好的接触引导。因此，研究室制备出取向丝素蛋白/P(LLA-CL)(25%)复合纳米纤维用于神经组织再生。

7.4.1 取向丝素蛋白/P(LLA-CL)复合纳米纤维和神经导管的制备

采用质量体积分数为8%的丝素蛋白/P(LLA-CL)(25%)共混溶液和4%的P(LLA-CL)溶液进行静电纺试验，采用实验室自制的高速滚筒(直径为5cm)作为接收装置制备取向纳米纤维。图7-23为试验装置，在旋转滚筒上包上铝箔，滚筒旋转速度为3000r/min。

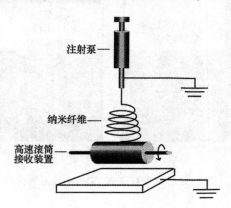

图7-23　制备取向纳米纤维的试验装置

神经导管的制备过程如图7-24所示。将纳米纤维膜沿垂直于纤维取向的方向卷曲，并用8.0显微缝线缝合，制备出具有取向性的纳米纤维神经导管。神经导管的长度为

1.2cm，内径为 1.4mm，管壁厚为 0.3mm。

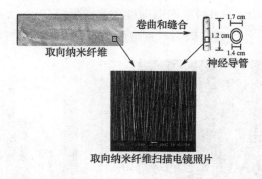

图 7-24　神经导管(NGC)的制备过程示意

7.4.2　神经导管桥接大鼠坐骨神经

用大鼠的坐骨神经缺损作为模型。所有大鼠经氯胺酮(100mg/kg)腹腔注射麻醉后俯卧位，右侧后下肢及臀部脱毛后消毒，铺无菌洞巾。由股后外侧肌间隙分离显露梨状肌出口以下的坐骨神经。在 A 组和 B 组中，于神经远端分叉的近端切除一段长 7~8mm 的神经，游离断端神经，制备 10mm 神经缺损模型，分别用 P(LLA-CL)和丝素蛋白/P(LLA-CL)神经导管桥接，以 8-0 显微缝线缝合管壁与神经外膜；在 C 组中，切除一段长 10mm 的神经，将其颠倒后进行原位神经移植。如图 7-25 所示，(a)(b)移植前取向丝素蛋白/P(LLA-CL)神经导管的外形；(c)取向丝素蛋白/P(LLA-CL)神经导管桥接 10mm 神经缺损。

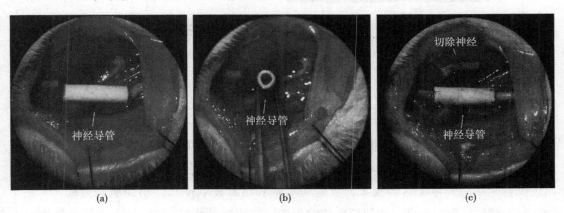

图 7-25　神经再生的动物试验(×10)

7.4.3　取向丝素蛋白/P(LLA-CL)复合纳米纤维的形貌

为了更好地比较两种取向纳米纤维对神经组织再生的影响，尽可能地使纤维直径相差不大。图 7-26 为丝素蛋白/P(LLA-CL)(25%)和 P(LLA-CL)取向纳米纤维的扫描电镜照片，可以看到，P(LLA-CL)纳米纤维的取向度比丝素蛋白/P(LLA-CL)(25%)纳米纤维更好，而且纤维直径略大，这主要是因为丝素蛋白的加入会使纤维直径明显减小。

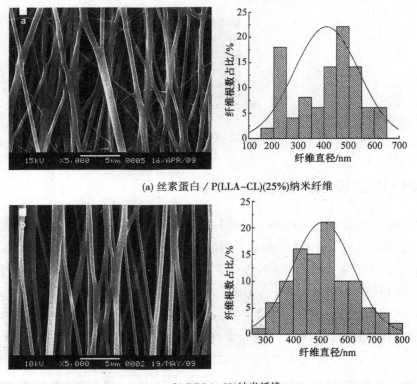

(a) 丝素蛋白 / P(LLA-CL)(25%)纳米纤维

(b) P(LLA-CL)纳米纤维

图 7-26　取向纳米纤维的扫描电镜照片和直径分布

7.4.4　大体观察

手术后所有老鼠存活，3 组大鼠术后均出现患肢肿胀和明显的跛行。术后 1 周伤口基本愈合，无感染等并发症，说明神经导管植入后急性异物反应较小。术后 2 周，各组大鼠出现试验侧肢缺失神经营养现象，表现为足跟和足趾皮肤溃疡，小腿肌肉萎缩。术后 8 周，试验侧肢体溃疡愈合，小腿肌肉萎缩得到一定程度的恢复。图 7-27 为神经导管植入 8 周后显微镜观察结果(×10)。可以看到，神经导管植入体内 8 周后，神经导管两端的神经都有纤维组织包绕，在神经导管周围形成一层血管网，与周围组织无粘连，周围组织没有明显的炎症反应[图 7-27(a)]，说明丝素蛋白/P(LLA-CL)(25%)纳米纤维神经导管具有很好的生物相容性。纵行剖开神经导管，发现神经导管结构完整，无坍塌和断裂[图 7-27(b)]，说明丝素蛋白/P(LLA-CL)(25%)纳米纤维神经导管具有良好的力学性能，能够满足神经组织再生的需要，再生神经的直径与自体神经基本一致，与神经导管无粘连、无神经瘤形成。

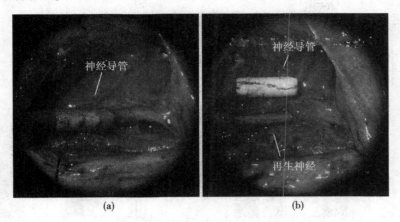

图 7-27　神经导管植入 8 周后的显微镜观察结果(×10)

7.4.5　电生理检查

电生理检查中，神经传导速度(NCV)和远端复合动作电位的波幅(DCAMP)是评价再生神经功能的客观指标。肌肉与神经恢复得越好，DCAMP 的值就越高，同样，再生的神经质量越好，传导速率越高，正常神经的传导速率一般为 50m/s。图 7-28(a)为各组再生神经在术后 4 周和 8 周的 NCV 情况。术后 4 周，丝素蛋白/P(LLA-CL)(25%)组的 NCV 值比 P(LLA-CL)组的 NCV 值高($n=6$，$p<0.05$)；术后 8 周，丝素蛋白/P(LLA-CL)(25%)组的 NCV 值与 P(LLA-CL)组的 NCV 值有显著差异($n=6$，$p<0.01$)。图 7-28(b)为各组再生神经在术后 4 周和 8 周的 DCAMP 振幅。术后 4 周，丝素蛋白/P(LLA-CL)(25%)组的 DCAMP 振幅与 P(LLA-CL)无明显差异($n=6$，$p>0.05$)；术后 8 周，丝素蛋白/P(LLA-CL)(25%)组的 DCAMP 振幅明显高于 P(LLA-CL)($n=6$，$p<0.01$)。

电生理检查结果表明，丝素蛋白/P(LLA-CL)(25%)组的神经恢复得更快，且再生神经的功能恢复较 P(LLA-CL)组快，但丝素蛋白/P(LLA-CL)(25%)组的再生神经功能较自体神经组差。

7.4.6　组织形态学检查

髓鞘是包裹在神经细胞轴突外面的一层膜，由髓鞘细胞的细胞膜组成，通过髓鞘的数量、直径及结构排列紧密程度可评价神经再生质量。图 7-29 为神经导管植入 8 周后再生神经横断面经甲苯胺蓝髓鞘染色的光学显微镜照片(×400)。从图中可知，P(LLA-CL)组在髓鞘的周围有大量的结缔组织，髓鞘的大小很不均匀，且排列不规整，数量较少。丝素蛋白/P（LLA-CL）（25%）组和自体神经组与P（LLA-CL）组相比较，再生的神经纤维更加密集，排列更加整齐，髓鞘化更明显，髓鞘结构更加有序。

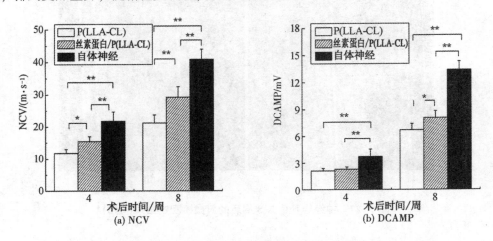

图7-28　神经导管移植4周和8周后的NCV和DCAMP

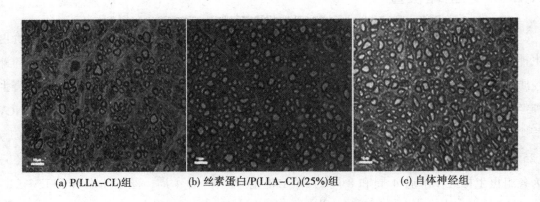

(a) P(LLA-CL)组　　　(b) 丝素蛋白/P(LLA-CL)(25%)组　　　(c) 自体神经组

图7-29　再生神经中间段的组织切片图

再生神经数量是评价神经再生质量最直接的指标。图7-30比较了各组再生神经数量。术后4周，丝素蛋白/P（LLA-CL）（25%）组的再生神经数量较P（LLA-CL）组多（$n=6$，$p<0.05$），但较自体神经组少（$n=6$，$p<0.01$）。术后8周，丝素蛋白/P（LLA-CL）（25%）组的再生神经数量增幅较P（LLA-CL）组快（$n=6$，$p<0.01$），但较自体神经组慢（$n=6$，$p<0.01$）。

再生神经数量百分比是评价再生神经数量和成熟度的综合指标。图7-31比较了各组的再生神经数量百分比。术后4周，丝素蛋白/P（LLA-CL）（25%）组的再生神经数量百分比较其他两组高（$n=6$，$p<0.01$）；术后8周，丝素蛋白/P（LLA-CL）（25%）组的再生神经数量百分比仍较P（LLA-CL）组高，但与自体神经组无明显统计学差异（$n=6$，$p>0.01$）。

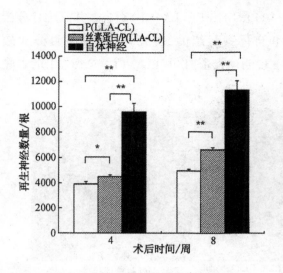

图 7-30 术后再生神经数量的比较

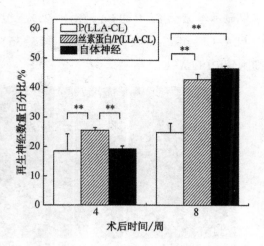

图 7-31 术后再生神经数量百分比的比较

再生神经直径是评价再生神经成熟度的指标。图 7-32 为 8 周后再生神经直径分布情况。术后 8 周，丝素蛋白/P（LLA-CL）（25%）组和自体神经组的小直径神经（2～3μm）数较 P（LLA-CL）组少（$n=6$，$p<0.01$），而大直径神经（3～4、4～5、5～6μm）数较 P（LLA-CL）组多（$n=6$，$p<0.01$）。丝素蛋白/P（LLA-CL）（25%）组和自体神经组中大直径神经（4～5、5～6、6～7μm）数无统计学差异（$n=6$，$p>0.05$）。

再生神经数量、再生神经数量百分比及再生神经直径这 3 项指标都表明丝素蛋

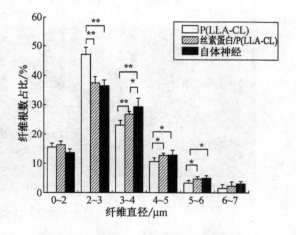

图 7-32 8 周后再生神经纤维直径分布

白/P（LLA-CL）（25%）组的再生神经数量和质量均较 P（LLA-CL）组好。

7.4.7 免疫组织化学检查

在周围神经再生过程中，雪旺细胞具有重要作用，在基膜管内排列成细胞索，形成 Bungner 带，它参与形成髓鞘，分泌营养因子，引导神经再生等。S-100 蛋白是雪旺细胞的标志性蛋白。图 7-33 和图 7-34 分别为 8 周后各组再生神经的横截面和纵切面中抗大鼠雪旺细胞标记物 S-100 免疫组织化学分析结果。S-100 蛋白是一种钙结合蛋白，是周围神经系统中的雪旺细胞及中枢神经系统中的神经胶质细胞的标志性蛋白。两图表明丝素蛋

白/P(LLA-CL)(25%)组和自体神经组的 S-100 蛋白比 P(LLA-CL)组多，并且统计分析结果显示丝素蛋白/P(LLA-CL)(25%)组和自体神经组的 S-100 阳性面积百分比较 P(LLA-CL)组高($n=6$，$p<0.01$)(图 7-35)，说明丝素蛋白/P(LLA-CL)(25%)组的雪旺细胞较 P(LLA-CL)组多。

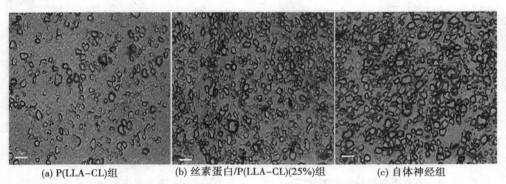

(a) P(LLA-CL)组   (b) 丝素蛋白/P(LLA-CL)(25%)组   (c) 自体神经组

图 7-33 8 周后再生神经的横截面的免疫组织化学分析结果

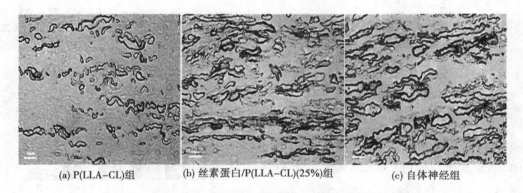

(a) P(LLA-CL)组   (b) 丝素蛋白/P(LLA-CL)(25%)组   (c) 自体神经组

图 7-34 8 周后再生神经的纵切面的免疫组织化学分析结果

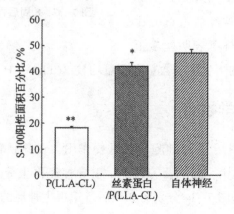

图 7-35 S-100 阳性面积百分比

7.4.8　透射电镜检查

髓鞘厚度是反映再生神经成熟度的指标,其值越大,再生效果越好。另外,神经细胞轴突长度也可作为修复的评价依据。图 7-36 为 8 周后各组再生神经的透射电镜照片。统计分析结果显示丝素蛋白/P(LLA-CL)(25%)组的再生神经的髓鞘厚度较 P(LLA-CL)组厚($n=6$, $p<0.01$),但较自体神经组薄($n=6$, $p<0.05$)(图 7-37),说明丝素蛋白/P(LLA-CL)(25%)组的再生神经较 P(LLA-CL)组成熟。

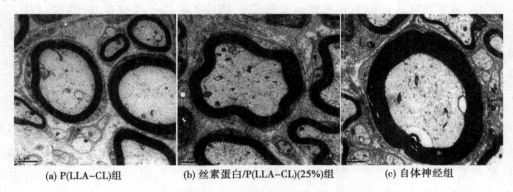

(a) P(LLA-CL)组　　　(b) 丝素蛋白/P(LLA-CL)(25%)组　　　(c) 自体神经组

图 7-36　8 周后各组再生神经的透射电镜照片

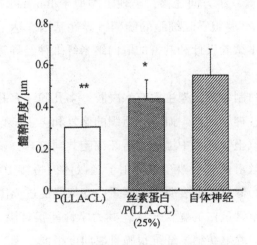

图 7-37　8 周后各组再生神经的髓鞘厚度

7.4.9　丝素蛋白/P(LLA-CL)复合纳米纤维促进神经组织再生

神经导管支架在周围神经修复过程中起着关键作用。周围神经损伤后,远端神经在一定条件下可以引导近端神经生长,而这种条件需要一个特定的微环境。用神经导管修复神经损伤可以为神经再生提供暂时固定并支持缺损神经的两端，引导神经元的轴突轴向生长，避免结缔组织增生影响正常再生神经的生长以及防止神经瘤的形成，为神经再生提供一个适宜的微环境。理想的神经导管支架应满足神经细胞生长的基本要求：①良好的生物相容性；②良好的生物降解性，降解产物对周围组织不会引起炎症反应；③神经导管结构有利于再生轴突和雪旺细胞的黏附、增殖和迁移，并且使雪旺细胞在神经导管内有序排列；④管壁具有良好的通透性，能够从外界组织吸取营养物质；⑤良好的力学性能和柔韧性；⑥易加工成型。

静电纺纳米纤维具有仿生天然细胞外基质的结构和功能，具有高的孔隙率和比表面积。大量的研究表明静电纺纳米纤维能促进细胞的黏附、增殖和分化，且可通过转轴接收装置制备不同内径的纳米纤维神经导管支架，同时可采用高速旋转的接收装置制备取向排列的纳米纤维。取向纳米纤维的拓扑结构通过"接触引导"机制能控制神经细胞的生长，使细胞沿着纤维方向拉伸和生长，引导轴突沿着纤维方向生长。Ramakrishna 等将 C17.2 神经细胞分别在 PLLA 静电纺纳米纤维膜、PLLA 浇铸膜上进行培养，结果表明细胞在 PLLA 静电纺纳米纤维膜上更容易黏附和分化。他们进一步将取向 PLLA 纳米纤维膜和取向微米纤维（平均直径 1.5μm）比较，发现轴突更容易沿着取向纳米纤维（平均直径 300nm）生长，且取向纳米纤维更能引导轴突定向生长和拉长。Chew 等发现雪旺细胞在取向纤维上培养 7d 后，细胞骨架与核沿着纤维方向迁移，出现了类似于 Bungner 带的结构，同时 PCR（聚合酶链式反应）结果显示试验组雪旺细胞的髓鞘特异性基因表达上调。为了更好地使神经导管有利于神经再生，本试验设计和制备的取向纳米纤维神经导管中的纳米纤维的取向方向与神经生长方向一致。

近年来，由丝素蛋白制备的支架主要有水凝胶、多孔膜、多孔海绵、纤维等，应用于皮肤、骨、软骨、肌腱、神经导管、血管等组织的修复和再生。顾晓松等将丝素蛋白纤维与老鼠背根神经节及老鼠坐骨神经中提取的雪旺细胞共同培养，发现丝素蛋白与其有很好的生物相容性。同时，丝素蛋白基神经导管用于老鼠体内桥接 10mm 长的坐骨神经缺损，种植 6 个月后的周围神经修复结果表明，丝素蛋白支架能促进周围神经再生且接近自体神经移植结果。由于再生丝素蛋白的脆性较大，其力学性能很难满足较长神经缺损的修复，并且研究室发现丝素蛋白静电纺纳米纤维很脆且取向度很低，无法通过卷曲方法得到神经导管支架。神经导管需要有一定的力学强度和一定的柔韧性，使其能够经受外科手术操作过程（如缝合）和病人恢复时肢体运动所施加的外力。丝素蛋白与 P（LLA-CL）共混制备的取向纳米纤维的力学性能得到显著改善，同时具有很好的生物相容性。

在电生理检查中，从两组大鼠再生神经的神经传导速度（NCV）和远端复合动作电位波幅（DCAMP）来看，虽然术后 4 周时丝素蛋白/P（LLA-CL）（25%）神经导管大于 P（LLA-CL）神经导管，但无统计学差异；术后 8 周时丝素蛋白/P（LLA-CL）（25%）神经导管大于

P(LLA-CL)神经导管，而且有显著的统计学差异。结合髓鞘神经数量统计结果来看，两组再生神经的髓鞘神经数量在术后4、8周都有显著的统计学差异。通过组织学和组织形态学评价，质量和数量的比较都表明丝素蛋白/P(LLA-CL)(25%)神经导管比P(LLA-CL)更能促进神经再生。

雪旺细胞是周围神经髓鞘的主要结构和功能细胞，对受损后的周围神经内源性修复起着重要作用。一方面，雪旺细胞分裂增殖形成索带，为神经生长提供附着面，引导神经生长；另一方面，雪旺细胞分泌神经生长因子、神经元营养因子、连接蛋白等活性物质，诱导、刺激和调控轴突再生和髓鞘的形成。文献报道雪旺细胞中S-100蛋白与轴突直径和髓鞘形成密切相关。在这项研究中，通过再生神经横截面和纵切面中抗大鼠雪旺细胞标记物S-100免疫组织化学分析评价再生神经的成熟度。S-100阳性面积百分比显示丝素蛋白/P(LLA-CL)(25%)神经导管更能促进雪旺细胞的增殖，可以进一步解释丝素蛋白/P(LLA-CL)(25%)神经导管比P(LLA-CL)组更能促进神经再生。

通过取向丝素蛋白/P(LLA-CL)(25%)和P(LLA-CL)纳米纤维神经导管用于大鼠坐骨神经再生试验，结果表明天然蛋白质(丝素蛋白)与合成材料[P(LLA-CL)]共混制备的纳米纤维神经导管比纯的P(LLA-CL)纳米纤维神经导管更有利于神经修复和再生。其原因可能是丝素蛋白是由多种氨基酸组成的蛋白质，含有大量的—NH_2、—COOH和—OH等功能基团，丝素蛋白的加入能在纤维表面引进这些功能基团，为促进细胞和材料的相互作用提供细胞识别位点；其次，丝素蛋白的加入可以提高神经导管亲水性能，使材料达到亲水—疏水平衡，有利于细胞的黏附和增殖，并且有利于营养物质的输送；另外，丝素蛋白的加入改善了纤维的力学性能，使神经导管的强度增加。在以前的研究中主要用PLA、PGA、PLGA等生物降解型神经导管桥接神经缺损部位，虽然这些材料能适时地降解和吸收，但从再生神经的形貌、电生理和组织学检测、功能恢复等方面的结果来看，神经修复的总体效果不是很理想。其原因可能是PLA、PGA、PLGA等材料与细胞的亲和性较差，缺乏细胞识别位点，不利于雪旺细胞的黏附、增殖和迁移。其次，这些材料的降解产物形成的酸性环境，容易引起周围组织的炎症反应。

虽然动物试验结果表明取向丝素蛋白/P(LLA-CL)纳米纤维比P(LLA-CL)纳米纤维神经导管更能促进神经修复和再生，但是与自体神经相比还有一定差距。原因可能是缺少神经生长因子。神经生长因子是一类具有神经元营养，促进并诱导受损神经向靶区生长的生物活性因子，是调节神经再生的关键因素之一。研究室将通过同轴静电纺在取向丝素蛋白/P(LLA-CL)纤维中加入神经生长因子，进一步促进神经再生。8周试验结束时，两组神经导管的外观均无明显降解现象，比较两种材料的降解过程需要更长的试验周期。

参考文献

[1] 黎洪亮. 纳米碳纤维薄膜的制备与表征[D]. 青岛：青岛科技大学，2014.

[2] 聂松，陈建，曾宪光，等. 特殊结构螺旋纳米碳纤维的制备及电化学性能[J]. 化工新型材料，2017(2)：85-87，90.

[3] 李正一. 木质素基纳米碳纤维的制备及电化学性能研究[D]. 天津：天津工业大学，2018.

[4] 卢建建，应宗荣，刘信东，等. 静电纺丝法制备交联多孔纳米碳纤维膜及其电化学电容性能[J]. 物理化学学报，2015，3l(11)：87-96.

[5] 任娇，金永中，陈建，等. 前驱体法制备螺旋纳米碳纤维及性能研究[J]. 化工新型材料，2018，46(7)：256-259.

[6] 廖建军. 电纺法制备过渡金属氧化物/纳米碳纤维复合材料及其电化学性能[D]. 厦门：厦门大学，2016.

[7] 吴元强，许宁，陆振乾，等. 静电纺丝设备的研究进展[J]. 合成纤维工业，2018，41(6)：52-57.

[8] 王紫君，朱贻安，成洪业，等，鱼骨式纳米碳纤维的微观结构研究[J]. 石油化工，2016，45(9)：1037-1042.

[9] 李甫，康卫民，程博闻，等，负载银中空纳米碳纤维的制备及电化学性能[J]. 材料工程，2016，44(11)：56-60.

[10] 韩丹辉，王艳芝，梁宝岩，等. ZnO/PAN 基纳米碳纤维膜的制备及其光催化性能的研究[J]. 合成纤维工业，2017，40(6)：43-46.

[11] 贾冰. 负载型碳纤维催化剂的制备及其对甲苯催化燃烧性能的研究[D]. 北京：北京化工大学，2016.

[12] 何一涛，王鲁香，贾殿赠，等. 静电纺丝法制备煤基纳米碳纤维及其在超级电容器中的应用[J]. 高等学校化学学报，2015，36(1)：157-164.

[13] 夏久林. 多孔木素/醋酸纤维素基微纳米碳纤维的制备及功能化应用[J]. 中国造纸，2019(7)：42-48.

[14] 徐威，夏磊，周兴海，等. 纺丝工艺及预氧化条件对离心纺聚丙烯腈基纳米碳纤维的影响[J]. 纺织学报，2016，37(2)：7-12.

[15] 张晓星，刘恒，张英，等，同轴电纺法制备纳米空心碳纤维[J]. 高电压技术，2015，41(2)：403-409.

[16] 钮东方，丁勇，马智兴，等. 纳米碳纤维的表面改性对水电解析氢反应催化活性的影响[J]. 化学学报，2015，73(7)：729-734.

[17] 苏薇薇，李英琳，徐磊. 分级多孔聚丙烯腈/聚甲基丙烯酸甲酯纳米碳纤维的制备及结构研究[J]. 化工新型材料，2017(12)：100-102.

[18] 姜锦锦，刘建平，林浩强，等. 水辅助制备螺旋结构纳米碳纤维若干影响因素的研究[J]. 炭素，2015(1)：30-35.

[19] 惠旭. 电泳沉积法制备碳纤维基多尺度微纳米复合电极[D]. 南京：南京理工大学，2017.

[20] 王紫君. 螺旋锥形鱼骨式纳米碳纤维的微观结构及其稳定性研究[D]. 上海：华东理工大学，2016.

[21] 龚勇. 螺旋纳米碳纤维在锂离子电池负极中的应用研究[D]. 自贡：四川理工学院，2015.

[22] 武光顺. 碳纤维表面纳米结构修饰及其 MPSR 复合材料性能研究[D]. 哈尔滨：哈尔滨工业大学，2016.

[23] 喻伯鸣. 木质素基碳铁复合纳米碳纤维在超级电容器电极材料的应用[D]. 广州：华南理工大学，2018.

[24] 贺海军. 静电纺丝法制备聚丙烯腈基纳米碳纤维及过程机理研究[D]. 西安：西安工程大学，2017.

[25] 王旭东. 碳纤维表面多功能涂层的制备及其增强羟基磷灰石复合材料的研究[D]. 西安：陕西科技大学，2017.

[26] 李建斐. 基于 Fe_3C/炭纳米纤维催化剂电催化降解有机砷研究[D]. 天津：河北工业大学，2015.